全封闭沼气池建造与使用

胡庆如 编著

金盾出版社

内 容 提 要

内容包括:沼气池多产气的途径;全封闭沼气池的结构及特点;全封闭沼气池的建造技术;全封闭沼气池的操作技术;沼气发酵产物的综合利用技术。本书科学实用,通俗易懂,可供广大农民、养殖人员和沼气技术员自学,又适用于职校、技校和农校师生参考阅读。

图书在版编目(CIP)数据

全封闭沼气池建造与使用/胡庆如编著.— 北京:金盾出版社,2015.1

ISBN 978-7-5082-9864-1

Ⅰ.①全… Ⅱ.①胡… Ⅲ.①沼气池—基本知识 Ⅳ.①S216.4

中国版本图书馆 CIP 数据核字(2014)第 280288 号

金盾出版社出版、总发行

北京太平路 5 号(地铁万寿路站往南)

邮政编码:100036 电话:68214039 83219215

传真:68276683 网址:www.jdcbs.cn

封面印刷:北京印刷一厂

正文印刷:北京军迪印刷有限责任公司

装订:兴浩装订厂

各地新华书店经销

开本:850×1168 1/32 印张:5 字数:125 千字

2015 年 1 月第 1 版第 1 次印刷

印数:1～4 000 册 定价:12.00 元

前 言

党的十八大，再次把“三农”问题视为重中之重。如何加强党的领导，提高经济效益、社会效益和生态环境效益，改善民生，务必国强民富，是这次大会的精髓。长足发展的沼气技术，历来都是党和政府最关心的重大课题。

我国的沼气技术，池型不断更新，综合利用技术不断扩展，沼气事业蓬勃发展，前景无限美好。

近年来，国家加大了对沼气技术的投入。国家先是给农户提供沼气灶具、灯具、开关和管道等实物，后又在给实物的基础上补助建池工钱，现在连建池的水泥都由国家承包了。建沼气池的费用，已经到了国家出大头的地步，我国第二养猪大省湖南的种烟地区，已经实现了全包。

国家全力扶助，百姓齐心合力。我国南方出现了“猪—沼—果”模式。这一被农业部称为“南方模式”的发展方式，是江西省赣州市走出的一条经济效益、社会效益与生态环境效益相统一的新路子。而今的赣州市，绿色果园占山区总面积的80%以上，荣获全国八大林区之一、国家园林城市、全国绿化先进单位、全国园林绿化先进城市、全国造林绿化十佳城市、全国生态林业建设先进城市、中国优秀旅游城市、中国人居环境范例奖、农业部丰收计划一等奖、江西省科技进步一等奖等殊荣。南北呼应，我国北方出现了以辽宁为代表的“四位一体”模式。这两大模式的形成和发展，使沼气技术跳出了单纯围绕能源建设的小圈子，将农民生活、生产和生态农业紧密联系在一起，在促进农民脱贫致富、农业生产结构调整和农业与农村经济的可持续发展等方面起着重要的作用。

沼气生产是沼气利用的物质基础，是沼气技术的关键。全封闭沼气池围绕抗震、抗沉、抗裂、多产气、不漏水、不漏气、池外破壳搅拌、池外清渣（浮渣与沉渣）、可以完全以青草绿叶为发酵原料和连续发酵时间长这个主题，做足了文章，将沼气技术推上了一个新台阶。这是本书的特点，颇有创新精神，很值得一读。

由于笔者水平有限，错误和不当之处在所难免，恳请专家和读者批评指正。

编著者

目　录

第一章　沼气池多产气的途径

沼气在自然界里普遍存在，但由于数量少，无法被人们收集利用。因此，能够为生产、生活服务的沼气，必须用人工方法来制取。人工制取沼气的先决条件是：沼气池，沼气菌种，发酵原料，适宜的浓度、温度和酸碱度。此外，适当破壳搅拌、及时清除浮渣和沉渣，也是多产气的一个重要手段。及时清除浮渣和沉渣，是笔者提出的一个新亮点。

第一节　沼气池

一、水压式沼气池

(一)水压式沼气池的基本结构

水压式沼气池须有进料口(进料管)、发酵间、沼肥通道口、水压间、导气管和溢流管。沼气池进料的口子称为进料口，进料管紧随其后，管径比口径小。沼气池内起发酵和贮气作用的密闭空间称为发酵间。发酵间装料液面以上的空间部分称为贮气室，发酵间装料液面以下的部分称为发酵池，贮气室容积＋发酵池容积＝发酵间容积，发酵间容积是不变的，贮气室容积和发酵池容积是随时可变的。发酵间的沼气由导气管导出。发酵间通往水压间的口子称为沼肥通道口，沼肥从这里取出。水压间为敞开空间，起压气和贮肥作用。水压间最高液位通往池外的管子称为溢流管。水压式沼气池的基本结构式如下：

导气管

↑

进料口(进料管)→发酵间→沼肥通道口→水压间→溢流管

(二)水压式沼气池的种类

水压式沼气池的种类繁多,如典型水压式沼气池、中心吊管水压式沼气池、曲流布料水压式沼气池、双管顶返水水压式沼气池、大揭盖水压式沼气池、圆筒式水压式沼气池、半塑水压式沼气池、干湿发酵水压式沼气池、底层出料水压式沼气池、强回流水压式沼气池、两步发酵自循环太阳能增温水压式沼气池、分离浮罩式沼气池、改进型分离浮罩式沼气池、上流浮罩式沼气池、玻纤水泥浮罩式沼气池、戈巴浮罩式沼气池、草帽形浮罩式沼气池、波达浮罩式沼气池、波达分离浮罩式沼气池、双池浮罩式沼气池、方形浮罩式沼气池等,真是百花竞放,万紫千红。水压式沼气池占沼气池的绝大多数。我国南方基本上都是水压式沼气池。我国北方也以水压式沼气池为主。笔者研制成功的全封闭沼气池,也是一种水压式沼气池。国内外的这些水压式沼气池,建筑结构各有千秋,工作原理大同小异。

(三)水压式沼气池的工作原理

新沼气池开始使用或旧沼气池大换料以后,沼气池装入发酵原料、接种物和水,浓度、温度和酸碱度适宜,具备沼气发酵的条件。活动盖没盖上,作用在进料管、发酵间和水压间液面上的大气压相同,液位处在同一水平面上。

盖好活动盖,用户不用气时,发酵池产生的沼气上升至贮气室,贮气室的沼气逐渐增多,沼气压力逐渐增大。这个不断增大的沼气压力同时压向沼气池的四面八方,其中只有一方是随时可动的发酵池液面,发酵池的部分发酵料液被不断增大的沼气压力压往沼肥通道口和进料管，于是，发酵池液位下降，水压间和进料管的液位克服大气压的阻力而上升，液位上升，势能增加。在水压间，发酵料液已经发酵，变成了沼液和沼渣。当贮气室的沼气压力增大到一定程度时，发酵池液位降至沼肥通道口，此时，贮气室的容积最大。当贮气室的沼气继续增多时，增多的沼气直接通过沼肥通道口从水压间冒出跑掉，再增加再跑掉，沼气一增再增、一跑再跑，发酵间的沼气压力不再改变，被恒定下来。

恒定气压与发酵料液的多少有关。发酵料液少，在未盖活动盖时，发酵池液位低，盖好活动盖，稍微产一点气，发酵池液位稍微下降一点就降至沼肥通道口，再产的沼气就跑掉了，贮气室的沼气压力就较小，不继续进料的话，沼气压力被恒定在一个较小的位置。相反，发酵料液多，在未盖活动盖时，发酵池液位高，盖好活动盖，贮气室沼气一增再增，发酵池液位一降再降，水压间和进料管的液位一升再升，升到最后，水压间的一部分沼液从溢流管溢出，继续进料，继续溢出。发酵池液位降至沼肥通道口，贮气室的沼气压力被恒定在最大位置。溢流管的高度越高，贮气室恒定的气压越大。由此可见，进料管的高度应高于溢流管，否则，池内发酵料液较多、沼气压力较大时，进料管将有料液溢出。在发酵池液位下降、水压间和进料管液位上升阶段：

贮气室气压＝大气压＋落差发酵料液的水压

用户用气时，贮气室里混杂在沼气中的空气，随沼气一起进入导气管，经输气管道进入沼气器具。新池启动后或旧池大换料后最初阶段不好用就是沼气里混有空气，这些空气不是外来的，是未盖活动盖时存在于贮气室里的。用户连续用气，所产沼气供不应求，贮气室的沼气压力逐渐减小，水压间和进料管增加的势能开始释放，上升的水压间沼液和进料管料液重新回到发酵间，于是，水压间和进料管液位下降，发酵池液位上升，贮气室容积缩小，沼气被重新回到发酵间的沼液和料液压入导气管道而正常使用。发酵

池、水压间和进料管的液位等高时,增加的势能释放完毕:

贮气室气压＝大气压

在此过程中,火苗越来越小,将会进入输气管道和沼气池,引起爆炸事故。当调空净化器的液柱退出绿色工作区,进入红色警戒区,用户就要赶快停止用气。

沼气池这样不断地产气和排气,发酵间、水压间和进料管的液位不断地升降,压力却始终维持平衡的状态,两个等式充分说明了这一点,等号就是平衡。液体这样来回流动形成的水位差叫“水压”。利用部分料液来回流动,引起水压反复变化来贮存和排放沼气的沼气池,称为水压式沼气池。恒定气压是水压式沼气池的一个显著特点。

浮罩式沼气池的工作原理略有区别。贮气浮罩一般由钢板或钢筋混凝土制成,重量较重。用户不用气时,浮罩内的沼气逐渐增多,沼气压力逐渐增大。这个不断增大的沼气压力将浮罩内的一部分水从底端压出,浮罩内的水位下降,浮罩外的水位克服大气压的阻力而上升,水位上升,势能增加。浮罩内的气压一增再增,水位一降再降,降至最后,浮罩内的水全部被排出。浮力的大小等于被物体所排开的流体的重量。从浮罩底端压出的水重量大于浮罩的重量时,浮罩上浮,压出的水越多,上浮的高度越高,浮至最高时,浮罩被顶端栏杆阻挡,无法继续上升,再产的沼气直接通过浮罩底端排出跑掉,浮罩内的沼气压力被恒定在最大位置,符合前面讲的第一个等式。用户用气时,浮罩内的沼气压力逐渐减小,浮罩外增加的势能开始释放,浮罩外上升的水重新回到浮罩内,也就是说,沼气所排开的水的重量在减小,浮力在减小,浮力小于浮罩的重量时,浮罩下沉,沉至水封池底时,表明增加的势能释放完毕,前面讲的第二个等式成立。气往上浮,罩往下沉,沼气被下沉的浮罩压入输气管道而正常使用。浮罩式沼气池有气没气,气多气少,看浮罩所在位置的高低便一目了然。分离浮罩式沼气池造价较高,但还是被广泛应用。

水压式沼气池一般采用半连续发酵工艺。

全封闭沼气池同样是水压式沼气池，却是连续发酵工艺。

二、非水压式沼气池

非水压式沼气池只有发酵间而无水压间，这是水压式沼气池与非水压式沼气池的根本区别。非水压式沼气池只占沼气池的极少数。铁罐式沼气池是为我国北方干旱缺水地区而研制的非水压式沼气池。该池的沼气产量和沼气压力极不均匀，产气高峰时，沼气用不完，沼气压力为水压式沼气池的10倍左右。为防爆裂，铁罐式沼气池的焊接一定要牢靠，管道要用耐高压的金属煤气管道，成本较高，安全系数也小。该池产气低谷时，气压小，火苗小，不好用，沼气不够用。

现在看来，非水压式沼气池因缺乏恒定气压的特点而不如水压式沼气池的前景好。非水压式沼气池不作为本书的研究对象。

第二节　沼气菌种

沼气细菌不但具有生存、生长、发育、繁衍后代的功能，而且还有它的独到之处——产沼气的功能。

沼气发酵的全过程十分复杂。复杂的有机化合物在微生物的作用下分解成比较简单的物质称为发酵。参加沼气发酵的微生物数量巨大、种类繁多，主要有分解菌和产甲烷菌两大类，分解菌有几十种，产甲烷菌也有很多种。它们的作用是先由分解菌将有机物质腐烂，分解成为结构比较简单的有机物质，后由产甲烷菌将其转变成甲烷和二氧化碳。这两类细菌的作用不是截然分开而是相辅相成的。各种有机物质在一定条件下，经过微生物发酵产生的一种可燃性气体，最初在沼泽地带被发现，所以叫沼气。在沼气中，甲烷多达55%～70%，二氧化碳占25%～40%，少量氢气、硫化氢、一氧化碳和氮气等只占总量的2%～5%。甲烷无色、无味、无毒。甲烷、氢气、硫化氢和一氧化碳是能够燃烧的，和一定数量的空气混合点火就能够燃烧，燃烧时产生蓝色无烟火焰和大量的热。硫化氢有很强的腐蚀性，进入沼气器具时必须脱硫。占有较大比例的二氧化碳是不能够燃烧的，但在北方"四位一体"模式中有着重要作用。

酿酒要有酒曲，制取沼气要有沼气菌种。含有大量沼气细菌的物质称为接种物。如果没有接种物，新、老沼气池是无法启动的，至少在短期内无法启动。接种物数量不足，质量较差，新、老沼气池也很难启动，很难产气或产气率不高，甲烷含量低而无法燃烧。农村含有优良沼气菌种的接种物，普遍存在于粪坑底污泥、下水道污泥、沼泽污泥、豆制品作坊和屠宰场下水沟污泥以及沼气发酵的渣液等，大换料后的老沼气池只要留足沼气发酵的渣液就行。接种物数量不足还可以培养。

第三节　发酵原料

给沼气细菌提供营养物质的有机物称为发酵原料。发酵原料是产生沼气的物质基础，是沼气细菌赖以生存的养料来源。沼气细菌需要碳、氮和无机盐等营养物质，这些营养物质在不同的发酵原料中的含量是不同的。有机物中的碳水化合物如秸秆中的纤维素和淀粉是细菌的碳素营养，有机物中的有机氮如畜粪尿中的含氮物质是细菌的氮素营养。当有机物被细菌分解时，其中一部分有机物的碳素和氮素营养被同化成菌体细胞，以及组成其他新的物质，另一部分有机物则被产酸菌分解为简单有机物，后经甲烷菌的作用产生以甲烷为主要气体的沼气。沼气发酵时，发酵原料数量需要充足，碳氮比需要适当。

发酵原料面临危机。多年来的经验表明，沼气池的发酵原料应以人畜禽粪便为主，以农业废弃秸秆、青草等为辅。种植、养殖利薄是“三农”问题的根本原因。养殖场靠薄利多销。农户因种养利薄、劳力升值而劳务输出。现在散养户越来越少，不养户越来越多。很多沼气池因发酵原料短缺而空闲无用。在发酵原料面临严重危机的紧要关头，全封闭沼气池走出一条新路子，完全以青草、秸秆、菜叶、树叶等为发酵原料。青绿发酵原料在农村是取之不尽、用之不竭的无本源泉。

第四节 浓度、温度和酸碱度

一、浓 度

沼气发酵必须有适量的水分才能进行，沼气细菌吸收营养、排泄废物和进行其他生命活动，都离不开水。沼气池中的料液在发酵过程中需要保持一定的浓度。浓度过大，水量过少，发酵原料过多，产甲烷菌食用不完，造成有机酸的大量积累，发酵受阻。浓度过小，水量太多，发酵原料过少，有机物含量少，满足不了产甲烷菌的需求，产气量就少。

发酵料液浓度常用百分比来表示，即干发酵原料（晒干或烘干）与鲜发酵原料的百分比。一般常用发酵原料的浓度如下：人粪20%，猪粪18%，牛粪17%，马粪22%，羊粪75%，鸡类30%，青草24%，污泥22%。

发酵料液浓度应根据季节的变化而变化，冬季、初春池温低，原料分解慢，发酵料液浓度相对较高，保持在10%～12%为宜；夏季和初秋池温高，原料分解快，发酵浓度相对较低，保持在6%～10%为宜。在实际操作中，发酵料液浓度的百分比，只是一个粗略的估计，控制浓度的基本操作方法是：寒冷季节，为了保温，不能用大量的水反复冲洗畜禽舍，只要将粪便铲掉冲净就行；炎热季节，为了降温，除了搞卫生以外，还可以满屋洒湿，有些畜禽可以遍身喷施。一言以蔽之，人畜禽粪便加上洗畜禽舍的污水，发酵料液的浓度基本上能达标。

发酵料液的浓度也可以从抽肥器的抽肥情况来判断：推、拉抽肥器拉杆非常吃力，抽出来的沼肥很浓，说明浓度过大，应掺水稀释，最好掺污水；反之，推、拉抽肥器很轻松，沼肥很稀，还常伴有气压不足、火焰乏力、沼气不够用的现象发生，说明浓度过小，应补充发酵原料，适当破壳搅拌和清渣。

二、温　度

温度对沼气发酵有很大影响。温度适宜，沼气细菌生长、繁殖快，产沼气多；温度不适宜，产气少或不产气。沼气细菌在8℃～60℃都能发酵，46℃～60℃为高温发酵区，28℃～38℃为中温发酵区，12℃～26℃为常温发酵区，10℃以下为低温发酵区。高温发酵，产气虽快，但要消耗大量的发酵原料，实际上，埋在地下的沼气池根本无法达到高温发酵范围。低温发酵，产气很慢，满足不了用户的需求。常温，就是春、秋季的常温，常温发酵最理想。埋在地下的沼气池，要达到和保持这个理想温度，使沼气池冬暖夏凉，就要采取相应的措施。

三、酸碱度

发酵料液酸碱度用pH值来表示，用试纸来测试。将一张pH试纸伸入搅拌的发酵料液中，立即取出与pH试纸附带的标准比色卡对比，从颜色的变化来确定酸碱度。pH值7为中性，pH值7以下为酸性，pH值7以上为碱性。发酵料液的酸性或碱性太大都会影响沼气菌的活动能力，沼气菌只有在中性或微碱性的环境里才能正常生长发育，即pH值为6.8～7.5对沼气菌来说是理想范围。

如果发现沼气火苗为黄色，说明发酵料液酸性太重。比如沼气池开始启动时，接种物中的产甲烷菌数量不足，或者在沼气池内一次加入大量未堆沤发酵的鸡粪、薯渣，造成发酵料液浓度过高，都会因产酸与产甲烷的速度失调而引起挥发酸(乙酸、丙酸、丁酸)的积累，导致 pH 值下降，这是造成沼气池启动失败或运行失常的主要原因。一旦发生酸化，pH 值降到 6.5 以下，应立即停止进料和适量回流、搅拌，待 pH 值逐渐上升恢复正常；也可以往沼气池内加入适量的石灰水中和，并加以搅拌，使石灰水与发酵料液混合均匀，避免强碱对沼气细菌活性的破坏。经常用生石灰消毒的畜禽舍，其粪便作发酵原料就很少酸化。

如果 pH 值在 8 以上，应投入接种污泥和堆沤过的秸草，使 pH 值逐渐下降恢复正常。一般来说，沼气池发酵原料的碳氮比恰当，接种物充足，浓度和温度正常，酸碱度必然正常，无须进行调整。

第五节　破壳搅拌与清渣

一、破壳搅拌

浮渣是发酵原料中容易上浮的秸草和难溶于水的部分原料上浮而成，浮渣中沼气菌少，水分少，有机物质难分解，难以被有限的沼气菌所利用，时间越久，浓度越大，浮渣在液面上聚合结成浮渣壳。这层壳起了一个阻挡作用，阻挡发酵池产生的沼气逸出液面进入贮气室。发酵池里的沼气本身很难冲破浮渣壳这个障碍，这就需要破壳。

适当搅拌，能使发酵原料和沼气细菌分布均匀，沼气细菌充分接触发酵原料；能使中、下层发酵料液里的沼气由小气泡聚成大气泡，并上升到贮气室内；能使上、中、下层发酵料液温度均衡，提高全池温度;能使沼气产量提高 30%左右。破壳和搅拌是有机地结合在一起的,不能截然分开。

二、清　渣

全封闭沼气池完全使用青绿发酵原料。青绿发酵原料的沼渣比人畜禽粪便作发酵原料的沼渣高出很多倍。青绿发酵原料中粗纤维多且长,互相搭桥,青绿发酵原料中还有其他一些不溶于水的物质,和粗纤维一起组成浮渣。浮渣越多,结壳越厚,产气率越低,破壳搅拌也越难,今天破壳搅拌,明天又结成壳,浮渣未清走,治标不治本。长期不清渣,沼渣越积越多,浮渣从上往下压,沉渣从下往上拱,发酵间的有效空间被沼渣所充斥,沼气池在无形之中缩小了,产气率下降的同时,沼气池的利用率也在下降,利用率下降,产气量进一步下降。不及时清渣,问题就有这么严重。

清浮渣比清沉渣还难,清青绿发酵原料的沼渣比清人畜禽粪便发酵原料的沼渣更难,是个十分棘手的问题。笔者经过多年艰辛的努力,才使沼气池的破壳搅拌与清渣技术脱颖而出。

纵观以上各节,要多产气,发酵原料是要点,发酵原料可以通过发展养殖业,利用青绿发酵原料来解决;既要多产气,又要不漏水、不漏气,沼气池则是重中之重。

第二章　全封闭沼气池的结构及特点

全封闭沼气池由进料管、发酵间主池(简称主池)、发酵间副池(简称副池)、导气管、沼肥通道口、水压间、防爆阀、溢流管、储肥池、破壳搅拌器、清渣器、抽肥器和冲洗器组成。全封闭沼气池能与厕所、畜禽舍连结,组成三位一体模式,或与日光温室、厕所、畜禽舍连结,组成“四位一体”生态模式。图 2-1 为全封闭沼气池工艺流程图。

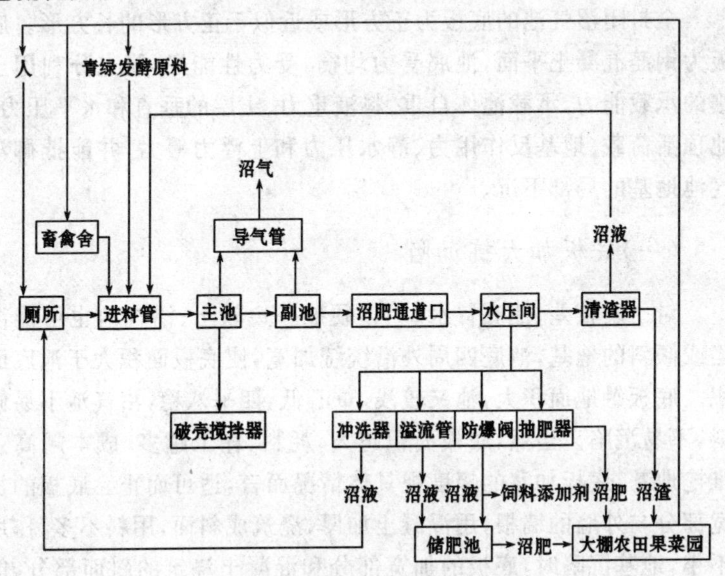

图 2-1　全封闭沼气池工艺流程图

如图 2-1、图 3-1 所示,全封闭沼气池没有活动盖,发酵间是全封闭的,故名全封闭沼气池。全封闭沼气池不再有封盖漏气、气足冲盖所引起的爆炸、火灾、窒息、中毒或停产大换料等烦恼。用户始终是池外作业，可以说，终生不要进入沼气池，最大限度地消除了事故隐患，确保了人身安全。

第一节　全封闭沼气池的形态

全封闭沼气池为方形。在同容积的情况下，正方体或近似于正方体的长方体较其他形态最省建筑材料。

一、全封闭沼气池的底板

全封闭沼气池的底板为正方形或近似于正方形的长方形。底板为钢筋混凝土平面，池底受力均衡，受力性能好，能充分利用土壤的承载能力，承载池体自重、料液重力、土层的垂直和水平压力、池顶活荷载、地基反作用力、静水压力和上浮力等力，并能抵御沼气池地基的局部下沉。

（一）底板加大抗沉陷

对土质较差、池底冒水、一边硬地一边软土、沼气池也可能沉陷或倾斜的地基，池底四周外沿统统加宽，使底板面积大于池底面积。底板触地面积大，池又较浅，重心低，四平八稳，沼气池不易倾斜，不易沉陷。当然，底板面积越大，耗料、耗工越多，成本越高还难挖地基，底板加宽的幅度视具体情况而言，适可而止。底板的加宽部分与外墙的墙根，用混凝土加厚，浇筑成斜面，用料不多，作用不小，地基沉陷时，底板的加宽部分和混凝土浇筑的斜面部分，能有效地保持池墙和池顶，沼气池不易损坏。

（二）塑料薄膜垫底抗腐蚀

底板下面垫两层（粘在一起未撕开的）新塑料厚膜（注：本文中

提到的塑料厚膜是指比较厚的塑料薄膜），浇筑混凝土时，水泥沙浆无法流失，无法渗入土层，无法形成孔缝，底板底面等于搞了外粉刷，确保了底板底面的质量。塑料厚膜在土壤中的腐烂期为200年。底板下面的两层塑料厚膜，能防土壤中的有害物质侵蚀底板，起了一个保底作用。

（三）钢筋混凝土提升抗拉强度

混凝土是由水泥、骨料（沙、石）和水等材料，按照一定的配比，经搅拌、浇筑、捣实、养护而成的人工石料。混凝土的抗压强度较高，而抗拉强度很低。为了提高混凝土抗拉构件的承载能力，全封闭沼气池的底板、顶板和钢筋混凝土墙配置适量的钢筋。这种由钢筋和混凝土两种材料复合而成的结构，称为钢筋混凝土结构。钢筋和混凝土的可靠黏结力，是由混凝土硬化收缩引起的，在外力作用下也不分离。钢筋和混凝土两种材料的热胀冷缩性质相近，不会因为温度的变化产生较大的内力而影响钢筋与混凝土之间的黏结力。混凝土将钢筋紧紧地握裹住，可以阻止有害细菌、硫化氢等有害气体和发酵料液腐蚀钢筋。钢筋混凝土还具有设计造型的适应性强、耐磨、耐火性和抗震性好等优点。钢筋混凝土的诸多优点，保证了沼气池的耐久性，为全封闭沼气池能用百年以上奠定了理论基础。

（四）螺旋纹钢筋加固抗地震

沼气池的防震、抗震性能，取决于沼气池的设计和质量。全封闭沼气池的钢筋混凝土底板，除按建筑标准使用光圆钢筋做主筋、副筋和附加筋外，还加有直径较粗的螺旋纹钢筋数根。地震撕裂沼气池，首先要撕裂底板，如此周密的钢筋布防，底板难以撕裂，即使撕了一个口子，也不会像素混凝土沼气池那样无休止地裂下去，便于修复。修补的全封闭沼气池，质量可靠，比重新建一座沼气池可节省85%～90%的费用，把地震造成的损失降到最低程度。

（五）振动机夯实抗渗漏

全封闭沼气池的底板和顶板，均用平板式振动机来回夯实，钢筋混凝土池墙用棒状振动机来回夯实。振动机能消除孔隙，排除混凝土内部的空气和部分游离水，做到内部密实、内外平整、表里如一、结构紧凑。

（六）池体加厚抗开裂

池体厚度与载荷成正比，池体越厚，承载能力越强。全封闭沼气池底板、池墙和顶板的厚度，均为球墙沼气池的1.5倍左右，加厚的沼气池，抗水压、气压冲击的能力成倍增长。

二、全封闭沼气池的池墙

主池和水压间之间的墙，简称隔墙。副池和水压间之间的墙，称为沼肥通道口墙。隔墙和沼肥通道口墙，是纵横交错的内墙。墙多牵力大，增强了沼气池抗御地震的能力。纵横交错的内墙，支撑顶板，防止顶板开裂坍塌，起到了顶梁柱的作用。主、副池交接处的隔墙墙棱，犹如两把尖刀，是自动破壳的好手。池墙垂直于地面，发酵料液对垂直池墙的压力比对同等深度球面墙的压力要小得多。因此，全封闭沼气池周边塌方后，即使池墙裸露，失去支撑的池墙岿然不动，也能够继续与水压、气压抗衡。

全封闭沼气池在建筑结构上有砖墙和钢筋混凝土墙之分，根据地基情况来确定。砖墙施工方便，厚度一致，墙厚强度高。钢筋混凝土墙，钢筋为直角弯曲，没有弧度，施工精确，横向钢筋弯成全方箍，竖向钢筋弯成半方箍，横、竖钢筋绑扎成沼气池的钢筋框架。容器加箍何等结实，沼气池坚不可摧。

三、全封闭沼气池的顶板

全封闭沼气池的顶板具有五大功能。

第一，导气管位于倾斜顶板高端的下面，即发酵间的最高位置，导气管不受发酵料液的困扰。

第二，倾斜顶板为扩大贮气室容积提供了方便。

第三，倾斜顶板具有自动破壳的功能。

第四，清渣器清出来的沼渣，沼渣夹带出来的沼液，能在倾斜顶板上自动流入进料管，沼气菌种与从进料管来的新鲜原料混合，对提高产气率很有帮助。

第五，倾斜顶板构筑了沼气池上畜禽舍的倾斜地板，节省了资金。

四、全封闭沼气池的粉刷(抹面)

全封闭沼气池，有两次内粉刷和三次内涂刷。砖墙沼气池还有一次外粉刷和一次外涂刷。两次内粉刷是粉一次粉刷砂浆后再粉一次素水泥浆。外粉刷是粉刷砂浆。涂刷均涂素水泥浆或密封涂料。外粉刷和外涂刷，不仅能防漏，还能防止地下水浸泡砖墙，防止土壤中的有害物质直接侵砖蚀墙，延长了砖墙的使用寿命。全封闭沼气池的内外粉刷和涂刷的总厚度较厚。墙与顶、墙与底、墙与墙的阴角，内粉刷额外加厚，增大粘接面，增强黏接力，粉成弧形，不留直角、死角，防止发酵料液滞留。如此周密的抹面，既为高保气奠定了良好的基础，更重要的是“三沼”和土壤中的有害物质内外腐蚀相当厚的一层池体后，沼气池还能照常运转，确保沼气池长时间使用。

第二节 全封闭沼气池的进料管、发酵间和导气管

全封闭沼气池的进料管位于主池内的一角，跟沼气池同步建造、同步粉刷，防漏性能好；不是另外镶嵌，不存在镶嵌带来的负面影响，没有断裂的可能。横截面为等腰直角三角形的进料管，三堵墙一样厚，十分结实，其中两堵墙由主池的两堵外墙所替代，最大限度地缩小了进料管在主池内所占的空间，省料、省工、省空间。进料管垂直进料，料与墙、破壳搅拌器与墙的摩擦力极小，进料管经久耐用。

全封闭沼气池只有进料管而无出料管，不存在出料管的断裂问题和其他问题。

全封闭沼气池的发酵间，主、副池均呈长方体，长方体串联，发酵原料所经路线的长度成倍增长，发酵最充分，产气率提高。发酵路线长，能使新、旧发酵原料循序渐进，有条不紊，避免了新鲜发酵原料未发酵或发酵不完全直接走捷径排出的弊端，可提高原料利用率；也避免了发酵原料发酵完后迟迟不肯离去、充斥于发酵间的弊端，发酵间的利用率提高。长方体主、副池，为破壳搅拌器破壳搅拌和清渣器清渣，创造了条件，提高了产气率。

发酵间高墙上的导气管，所处位置为全池最高，发酵池里的发酵料液无法到达导气管，导气管不进水，沼气畅通无阻，省气节能，燃烧效率高。

全封闭沼气池生产出来的“三沼”，各走各的路：沼气进入导气管道；沼液从溢流管或防爆阀流出；浮渣和沉渣由清渣器经水压间和沼肥通道口从副池取出；沼肥（沼液和沼渣）用抽肥器从水压间抽出。

第三节　全封闭沼气池的水压间、储肥池、防爆阀和溢流管

一、水 压 间

从图 2-1 的工艺流程图来看，全封闭沼气池的水压间有一进五出的传输线路，水压间是全封闭沼气池的传输枢纽。

水压间的内踏步，具有三大奇效。

1. 内踏步　全封闭沼气池在百年漫长的岁月中，当破壳搅拌器或清渣器损坏，跌落池中，打捞不上，不影响新器械的安装和工作还不要紧，一旦有影响，就得停产清池。停产清池的步骤是，停止进料以后，首先打开防爆阀，接着使用抽肥器，到最后还得使用瓢舀桶提，用绳索将沼肥一桶一桶地吊上来，还不如登上内踏步一桶一桶地递出来，蹬内踏步比蹬凳子或木楼梯要安全、好用得多。

2. 清渣器的得力助手　水压间的内踏步，第一步离沼肥通道口的距离为两个步宽，这两个步宽专为清沉渣而设，是清渣器的得力助手。清沉渣时，清渣器从副池将沉渣搜刮过来，搜刮到水压间以后，清渣器逐步离开水压间底部旋转而上，如果没有内踏步，沉渣不进入或很少进入清渣器，清渣器没有清沉渣或清沉渣的效果很差；有了内踏步，沉渣被搜刮到水压间以后，被水压间的内踏步所阻挡，沉渣无退路，被逼进入清渣器，清沉渣的效率显著提高。

3. 安全救助设备　由于种种原因，用户或他人不慎落入水压间。池深至少 1.8 米，四面陡壁，没有他人在场、没有内踏步，落池者很难生还。水压间的内踏步留给落池者最后一线生机：落池者通过沼肥通道口这个矮口钻入副池的可能性极小，如果是滑落，脚先下，头朝上，则完全不可能；如果清渣器平常没有取掉，而是浸在池里，落池者根本钻不进去；水压间那么小，内踏步占据水压间底

部的78%,落池者在内踏步上挣扎的概率大;沼液的浮力比水的浮力大,浮力将落池者往上浮,落池者沿内踏步而上的可能性大;内踏步是标准的踏步,蹬内踏步毫不费力;蹬两步内踏步头部就露出来了,生还的希望来临;内踏步离池的边沿只有85厘米,蹬完内踏步就完全脱险了,整个上身都露出来了,可以呼救;水压间紧连副池,紧靠主池,沼液的温度不会很低,只要没有完全冻僵,落池者完全可以自己爬出来;落池者跟落水者一样,一定是乱抓乱攀,碰到什么抓攀什么,碰到抽肥器,手抓攀抽肥器,脚蹬内踏步,脱险更快。

二、储 肥 池

储肥池容积不大,却有三大功能。

(一)储　肥

从溢流管和防爆阀来的沼肥,均进入储肥池。

(二)洗　粪

在冬天,农户将取暖保温而混有大量稻草、秸秆的畜禽粪挑到储肥池,经沼液浸泡1～2天再洗,没有发酵价值的干稻草、干秸秆粪草分离,如果再用极少量的清水淋一下,几乎可以洗得干干净净,没有浪费发酵原料。这样做,比从外面挑水来洗,劳动强度小,花费时间少,节约用水,再把洗出来的粪便与沼液浇入进料管,水分不多,浓度适宜,沼气菌种与新鲜原料混合,产气率高。

(三)清　渣

清渣前,要揭开水压间的盖板;清渣后,要盖上水压间的盖板。清渣前后及清渣过程中的安全问题是这样解决的:隔墙的顶板上面是厕所墙,用户无法站在池顶上捂、揭水压间的盖板,不可能跌入水压间，确保了用户的生命安全；用户清渣站立的地方称为清渣台，储肥池深85厘米，用户站在储肥池内，手臂撑在储肥池墙上，有个支点好使劲，捂、揭水压间的盖板，使用清渣器清渣，不可能跌入水压间，高度安全。从清渣器的清渣时间来看，每月才清1～2次，用户舀掉储肥池的沼肥，用清水冲洗一遍，穿上套鞋，就可以清渣，储肥池完全可以兼作清渣台，节约资金和地皮。

三、防爆阀和溢流管

（一）防爆阀的三大特点

1. 防爆阀防止沼气池气压过高而爆裂　一到热天，贮气室气压很大，用户迅速打开防爆阀，昼夜不关，沼气池平安无事，完全可以达到降低贮气室气压、防止沼气池爆裂、标本兼治的目的。防爆阀打开以后，火苗依然如故，十分好用，沼气够用。人们不禁要问：当用户外出或忘记打开防爆阀，情况又怎样呢？全封闭沼气池气压设计合理，池浅、池坚、多重保护，当用户长期外出后，沼气池长期得不到发酵原料，发酵间气压将会越来越小，沼气池不会损坏；热天正是农作物生长快捷、需水需肥的旺季，不打开防爆阀，沼液又怎么能够流得出来呢；调控净化器的很高气压也在提示用户，煮饭、炒菜、烧水，随时都可以发现。因此，在热天长期忘记打开防爆阀是不可能的。

2. 防爆阀兼容了取沼肥标志　无论贮气室气压是很大还是很小，用户是在用气还是未用气，均可以放心取沼肥。打开防爆阀沼液流出，一次取沼肥最多也只能取到防爆阀取沼肥标志为止，即沼液不能自动从防爆阀里流出来了，就不能人为地用抽肥器继续取肥。因此，不会产生火苗引入池内的危险，也不会产生负压损坏沼气池的现象，更不会产生沼肥通道口裸露引起的一系列严重后果，防爆阀确保了人、畜、禽、池的安全。

3. 防爆阀为畜禽用沼液提供了方便 喂畜禽需用中层沼液作饲料添加剂。对球形沼气池来说，中层沼液的取出是非常艰难的，弄不好就是上层沼液或者是下层沼液。全封闭沼气池的防爆阀轻而易举地解决了这个难题。

（二）防爆阀的防爆原理

笔者在第一章第一节“水压式沼气池的工作原理”中，得出“溢流管高度越高，贮气室恒定的气压越大”的结论。防爆阀的防爆原理正是这个定论的应用，实际上，防爆阀的高度低于溢流管的高度，打开防爆阀，等于降低了溢流管的高度，贮气室恒定的气压也随之降低。

从防爆阀和溢流管出来的沼肥，走完了主、副池和水压间的全部路程，发酵最完全，肥效最高，是名副其实的无公害沼肥。

防爆阀和溢流管，内受沼液浸泡；外裸露空中，天长日久，肯定有损坏的可能。防爆阀和溢流管安装在水压间和储肥池的隔墙上，双双远离发酵间，更换防爆阀或溢流管不会损坏发酵间，发酵间永远连续发酵。

第四节　全封闭沼气池的破壳搅拌器、清渣器、抽肥器和冲洗器

一、全封闭沼气池的破壳搅拌器

全封闭沼气池的破壳搅拌器，结构简单，经济实用，主池的破壳搅拌范围可高达90％以上，破壳搅拌效果十分明显。破壳搅拌器又是清渣器的得力助手，没有破壳搅拌器，主池的浮渣和沉渣就没法清走。破壳搅拌器和清渣器，是谁也离不开谁的一对孪生兄弟，是全封闭沼气池的核心器件。

二、全封闭沼气池的清渣器

全封闭沼气池在池外清渣,包括浮渣和沉渣,浮渣和沉渣被清渣器蚕食,化整为零,沼气池无须大换料、无须活动盖。因此,青绿发酵原料可以成为发酵原料的主要来源,而且是直接投入进料管,不要酸化池,青绿发酵原料有效价值的利用率大为提高,解决了不养户和散养户发酵原料严重不足的问题,也解决了历史遗留下来的沼气池只能以人畜禽粪便为主要发酵原料的矛盾。

1. 副池的清渣 清渣器从水压间经沼肥通道口深入副池清渣,上清浮渣,下清沉渣,破壳、搅拌,一器四用,一气呵成,副池的破壳搅拌和清渣范围,均可达95%左右,破壳搅拌和清渣效果特别显著。

2. 主池的清渣 主池的浮渣,先用破壳搅拌器进行破壳搅拌,将浮渣壳搅成碎片状。清渣器在副池清浮渣,就像一叶划船的桨片在划动,液体被搅动。主池已搅成碎片状的浮渣,逐步向副池靠拢,自动进入副池,最终被清渣器清走。笔者曾在敞开粪池中进行过试验,将全池的浮渣壳用勺打破搅碎,无论在某处用勺舀掉一部分碎浮渣,周围的碎浮渣立马围绕过来,再舀掉再围绕过来,如果不事先打破搅碎,周围的浮渣则原封不动。

主池的沉渣,在未破壳搅拌之前,随着进料管的进料,呈斜坡状,进料管底端是沉渣斜坡的高端,沼肥通道口是沉渣斜坡的低端。使用破壳搅拌器时,破壳搅拌器上下左右前后搅动,往上搅到顶——破壳,往下搅到底——搅沉渣,沉渣的坡状局面被打破,坡顶向坡底推平,沉渣凭借底板本身5°的坡度顺坡而下,从主池进入副池,最终被清渣器清走。

使用操纵杆较长的清渣器,直立操作,无须弯腰,省力还不腰痛。

三、全封闭沼气池的抽肥器

农户需要沼液、沼渣混合沼肥，就得使用抽肥器，而不能打开防爆阀，从防爆阀里流出来的是沼液，就是有沼渣，也是微量的。需要重申的是，用抽肥器抽取沼肥时，只能抽到防爆阀取沼肥标志为止，即防爆阀露出来了就要赶快停止。

四、全封闭沼气池的冲洗器

全封闭沼气池改传统旱厕为水冲厕所，在沼气池上建厕所，面积不大，花钱不多。用冲洗器抽取水压间的沼液比较省力，沼液流量大，能将厕所粪便冲洗干净，减少了臭气逸散和蝇蛆滋生，卫生状况得到进一步的改善，含菌种较多的沼液和粪便一道经进料管进入发酵间，与从进料口来的新鲜原料混合均匀，对沼气发酵极为有利。

全封闭沼气池的破壳搅拌器、清渣器、抽肥器和冲洗器，都不穿过储气室顶板，不存在密封漏气的问题；都在池外安装、使用、拆卸、维修、更换，十分方便，高度安全；无须停产清池，是名副其实的连续发酵工艺。

大、中型全封闭沼气池的破壳搅拌与清渣，详见第四章第四节。

第三章　全封闭沼气池的建造技术

第一节　容积的计算与施工模式

一、容积的计算

在确定池容积的时候，要运用科学发展观，不要等到过了10年、20年，才发现沼气池太小，要废弃再建大的，那就为时太晚了。有些大村庄，庭院挨着庭院，院内宅基地窄小，但又要建较大的沼气池，是个很大的矛盾。全封闭沼气池可以解决这个矛盾，即增加沼气池的高度。

(一)沼气池的池高

池底至溢流管的垂直高度为全封闭沼气池的池高。沼气池的池高应小于或等于(限增高型)池长，沼气池越浅，重心越低，沼气池越稳定，对接受阳光、促进发酵，均有好处，建造也方便。全封闭沼气池的建造技术均以图3-1为例，该池池高1.8米，远远小于池长的3米。

(二)沼气池的池长与池宽

主池的长度(包墙)为池长。主、副池的宽度(包墙)为池宽。池宽应等于或接近于池长，防止将沼气池建成一个狭长方体，狭长长方体在泥软地中同样容易倾斜、倾倒，尤其在地震发生时，破壳搅拌和清渣都不方便。

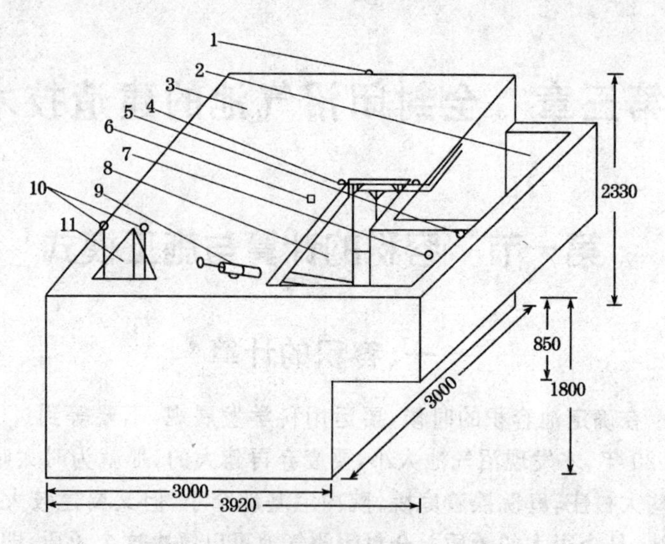

图 3-1　8 米³ 全封闭沼气池结构示意图　（单位：毫米）

1. 导气管　2. 储肥池　3. 发酵间　4. 清渣器　5. 溢流管　6. 冲洗器插入口　7. 防爆阀　8. 水压间　9. 抽肥器　10. 破壳搅拌器　11. 进料管

（三）沼气池的容积

沼气池的容积是指发酵间净空容积。

全封闭沼气池的容积＝发酵间底面积×池高＝(主池净长×净宽＋副池净长×净宽)×池高

主、副池通道口的容积与进料管墙所占容积相抵消，不计算在内。

图 3-1 全封闭沼气池的容积：

$[(3-0.24\times2)\times1.35+(1\times0.93)]\times1.8\approx8$ 米³

图 3-2 为范例 8 米³ 全封闭沼气池平面图。

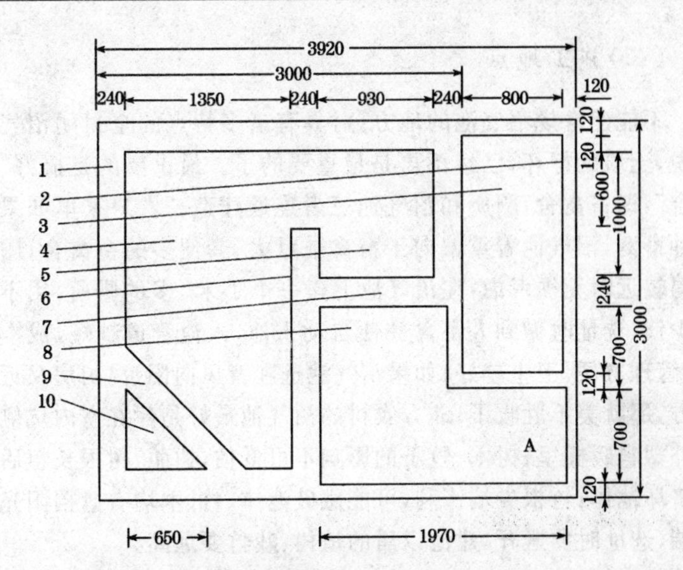

图 3-2 8 米^3 全封闭沼气池平面图 （单位:毫米）

1. 24 墙 2. 12 墙 3. 储肥池 4. 主池 5. 副池 6. 隔墙 7. 沼肥通道口墙 8. 水压间 9. 进料管墙 10. 进料管

二、施工模式

(一)施工季节

建沼气池应选在气候宜人、水位较低的秋季。秋季气温不冷不热,水泥硬化不快不慢,质量可靠。从池坑开挖到全封闭沼气池的建成投产,无论是砖墙沼气池还是钢筋混凝土墙沼气池,都少不了装模板、绑扎钢筋、浇筑混凝土及其养护等一系列环节。建造时间少,养护时间多,前后至少在 1 个月以上。我国地域辽阔,南北温差很大,北方,立秋刚过就要动工;南方,可以在处暑以后动工。动手太晚,等到竣工投产时,气温较低,沼气池难启动。

(二)施工地点

不能建常规沼气池的地方,对具有诸多特点的全封闭沼气池来说,土质的好坏,已经不再是最重要的了。最重要的是搞好“三结合”,即畜禽舍、厕所和沼气池三者连通建造。农户家里如果有多种畜禽,沼气池着重偏向于畜禽数量大、粪便多的畜禽舍;厕所离得较远时无须考虑,在沼气池上建一个 1 米^2 多的厕所,用不了多少钱;选址时做到人畜禽粪便自动入池,入池管道越短,成本越低,管理方便,卫生越好;如果沼气池选在背风向阳、离厨房又近的地方,那就美不胜收了;北方农村的沼气池最好是建在室内炕侧或室外塑料暖棚里;树木、竹子的影响不可低估,树蔸、树根长粗后可能挤坏池体;竹根尖端锋利,可能戳破池体,竹、木均有遮挡阳光的弊端,选址时要避开,建池以后的植树、栽竹要远离。

第二节　建池材料和建池工具

一、建池材料

为了保证建池顺利进行,建池前必须做好备料工作。选用建池材料,既要因地制宜,就地取材,减少运输,降低造价,更主要的是选择建材质量。

(一)卵石与沙子

1. 卵石　当地有几种卵石可选择时,最好选用花岗岩卵石,花岗岩卵石质地坚硬,不易变质。卵石或碎石粒径 0.5～3 厘米,针状、片状少于 15%,软弱颗粒少于 10%,含泥量少于 2%,清洁无杂质。

2. 沙子　沙子要求清洁、杂质少,无树叶、草根等,云母含量小于 0.5%,含泥量小于 3%。河沙、山沙和海沙均可用来建池。

混凝土用平均粒径大于 0.5 毫米的粗沙；砌墙用粒径为 0.35～0.5 毫米的中沙；粉刷用粒径为 0.25～0.35 毫米的细沙。使用有色金属矿山的矿渣粉沙时，应掺入 30%～50%的细沙，以增加骨料的拉力，减少水泥的用量。砌筑用沙和粉刷用沙，均须过筛，筛掉粒径大的沙子、小石子和其他杂质。

(二)水　泥

1. 水泥的种类　普通水泥是以石灰石、黏土等为主要原料，掺入石英砂和铁粉等辅助原料，按一定比例混合磨细制成“生料”，经高温煅烧冷却后得到“熟料”，再加入适量的石膏共同研磨、过筛，得到硅酸盐水泥。硅酸盐水泥分别掺入一定量的矿渣、火山灰和粉煤灰，分别得到矿渣水泥、火山灰水泥和粉煤灰水泥。

2. 水泥的硬化　水泥是水硬性胶结材料。水泥与适量的水拌和，在常温下经过一系列的物理、化学反应，由浆状逐渐凝结，由可塑性浆体变成坚硬的石块体，将散粒材料胶结成整体，进而硬化并有一定的强度。

3. 水泥的凝结　水泥的凝结有初凝和终凝，常温下，硅酸盐水泥的初凝时间不得少于 45 分钟，一般为 1～3 小时，有利于搅拌、运输和操作；终凝即完全失去可塑性，终凝时间不得超过 12 小时，一般为 5～8 小时，以便在操作完毕后及时凝结硬化。

4. 水泥的标号　水泥硬化后抗压和抗折的能力称为标号，有 225、275、325、425、625 等几种。水泥标号必须打印在包装袋上。

5. 水泥的保质期　水泥易受潮，易失效，随着时间的推移，水泥质量逐渐蜕变，所以水泥的保质期较短，一般不超过 3 个月，水泥的生产日期应打印在包装袋上。

6. 水泥的购买和保管　优先选购当地名牌硅酸盐水泥；标号 325 号或 425 号；近期生产；外来水泥或当地新水泥厂的第一批试销产品要慎用。水泥在运输和贮存时必须注意防潮。水泥应置于干燥通风处；地上应垫塑料薄膜防潮；最好将水泥搁在20厘米以上高的架子上；狂风暴雨及时检查房屋是否漏水，是否有雨水从门窗漂进来，地上是否有积水；严禁水泥沾水。

（三）砖

砖有黏土砖和水泥砖两种。

1. 黏土砖 黏土砖以黏土为主要原料，搅拌成可塑状，挤压成坯，砖坯码垛风干后送入窑内，经900℃～1 000℃高温煅烧成砖。直接降温出窑的为红砖；如在煅烧后从窑顶渗入清水，砖由红色变为青色，称为青砖。用手工挤压成坯的砖称为手工砖，手工力量有限，拍不紧，压不实，手工砖厚薄不匀，内部比较疏松，易受冻害侵袭。用机械挤压成坯的砖称为机砖，机砖内部密实，水不容易渗入，吸水率低，抗冻性较强。机砖的标准尺寸为240毫米×115毫米×53毫米，称为标砖。标砖外形方正、平整，无明显弯曲、裂缝、掉角和缺棱等缺陷，标砖断面组织均匀，色泽均匀一致，敲击时发出清脆的金属声。砖承受外力的能力叫强度，强度等级用符号“MU”表示，黏土砖的强度等级有MU20、MU15、MU10、MU7.5和MU5几种，强度等级高的砖，承受外力的能力大。

2. 水泥砖 水泥砖的特点是无须用黏土，不要动土，节约耕地，不会破坏水土流失，无须煅烧，节约能源，不会污染空气，意义重大。

黏土青砖较贵，成本高；手工砖和煤少温低未烧透的机砖质量差；水泥砖的化学稳定性不如黏土砖，而且水泥砖表面光洁，与砂浆的黏结力较差，面层抹灰时要做表面处理，表面处理弄不好就会损坏池墙。建全封闭沼气池，宜选用MU 7.5以上的机制黏土红标砖。

以上各项建材的性状特点，错综复杂，难辨难记，其实很简单，当地建楼房最好的建材，就是建沼气池最好的建材。全封闭沼气池的建材，应在沼气技术员或建筑泥工的指导下购买。范例8米^{3}全封闭沼气池的水泥、沙子、卵石和标砖的参考用量见表3-1。

表 3-1　范例 8 米³ 全封闭沼气池材料参考用量表

名称	混凝土				砌筑砂浆			抹面砂浆			水泥素浆	合计用量			
	体积（米³）	水泥（千克）	中沙（米³）	卵石（米³）	体积（米³）	水泥（千克）	中沙（米³）	体积（米³）	水泥（千克）	中沙（米³）	水泥（千克）	水泥（千克）	中沙（米³）	卵石（米³）	标砖（块）
砖墙沼气池	4.347	1338	1.724	3.755	1.775	431	2.038	0.948	490	0.82	150	2409	4.582	3.755	4320
钢筋混凝土墙沼气池	8.308	2558	3.295	7.178	0.573	139	0.658	0.715	370	0.62	120	3187	4.573	7.178	1650

钢筋是建造全封闭沼气池的一项重要建材，详见第三节“钢筋的配料与加工”。

二、建池工具

(一)沼气技术员随身携带的常用手工工具

1. 瓦刀 瓦刀又称泥刀、砌刀，用作涂抹、摊铺砂浆、砍削砖块和打灰条，也可用它轻击砖块，使之与准线吻合。

2. 大铲 大铲以桃形为多，还有长方形和三角形，用作铲灰、铺灰及刮浆或调和砂浆。

3. 手锤和钢凿 手锤又称小榔头，4 磅锤或 6 磅锤比较适用和携带。钢凿又称錾子，其直径一般为 20～30 毫米，长 200～300 毫米，端部有尖头和扁头两种形状。钢凿与手锤配合，用于打凿石料以及开剖异型砖等。

4. 水平尺和水平管 水平尺是用铁或铝合金制成，用以检查砌体水平位置的偏差。水平管是透明小塑料软管，灌水以后用以检查砌体两端的高低相差值。

5. 托线板和线锤 托线板与线锤配合使用，用来检查墙面垂直和平整度。

6. 准线 通常用直径为 0.5～1 毫米的尼龙线或弦线作准线，准线用于墙体砌筑和检查水平灰缝的平直度。

7. 钢卷尺 沼气技术员应备 5 米的钢卷尺。

8. 钢皮抹子、塑料抹子、木抹子、圆阴角抹子、圆阳角抹子和压子(抿子) 用于粉刷。

9. 断线钳和钢锯 用来剪断、锯断钢筋。

10. 手摇板、钢筋扳子、钢管扳子和卡盘 弯曲钢筋的工具，可买可制。

11. 电钻 用于自制弯曲钢筋的工作板。

12. 铁丝钩 绑扎钢筋用,可买可制。

(二)建池用户常用工具

1. 灰桶 灰桶又叫泥桶,多为橡胶或塑料所制,能装 10～15 千克砂浆为宜,用作距离传送砂浆或临时贮存砂浆。

2. 铁锹 又称铁锨,分为尖头和方头两种,用于开挖地基、装车和筛沙等。

3. 筛子 筛孔直径有 4 毫米、6 毫米和 8 毫米几种,筛子主要用来筛沙。

4. 靠尺板 要求木板一边笔直,均自制,用来抹灰线,做棱角。

5. 钢筋卡子 钢筋直径 8 毫米,一般都是由沼气技术员临时做,用来卡紧靠尺板。

6. 长毛刷 用来涂水泥浆或密封涂料。

7. 磅秤 500 千克以上,称量沙子。

8. 工具车(翻斗车) 运输散装材料。

9. 搅拌机 搅拌混凝土。

10. 振动机和振动棒 振捣混凝土。

以上沼气技术员和建池用户的建池工具,除说明可自制的以外,其余的建材店均有销售,其形状和规格一目了然。

第三节 钢筋的配料与加工

一、钢筋的配料

(一)钢筋在构件中的作用

受力钢筋:是指在外部荷载作用下,在正常工作状态时,通过结构计算得出的构件所需配置的钢筋,受力钢筋也称主筋,这类钢筋有受拉钢筋、弯起钢筋、受压钢筋(墙、柱中的纵向受力钢筋或竖筋)。

构造钢筋:是为了满足钢筋混凝土的构造要求和考虑计算与实际施工中的偏差而配置的钢筋。构造钢筋又称副筋,分布筋、箍筋、架立筋、横筋和腰筋等均属构造钢筋。

钢筋的种类见表 3-2。

表 3-2 钢筋的种类

钢筋级别	外形	含碳量	含合金	钢筋名称	底端涂色	符号	直径(毫米)
Ⅰ级钢筋	圆形 光圆钢筋	低碳钢		3 号钢	涂红色	Φ	6～25
							28～50
Ⅱ级钢筋	变形 人字纹钢筋	低碳钢	普通低合金钢	20 锰硅 20 锰铌	不涂色	Φ	8～25
							28～50
Ⅲ级钢筋	变形 月牙纹钢筋		普通低合金钢	25 锰硅	涂白色	Φ	
Ⅳ级钢筋	变形 螺旋纹钢筋	中碳钢	普通低合金钢	40 硅 2 锰钒 45 硅锰钒 45 硅 2 锰钛	涂黄色	Φ	10～25
							28～32
热处理钢筋			普通低合金钢	40 硅 2 锰 48 硅 2 锰 45 硅 2 铬		Φ^t	6
							8
							10

(二)钢筋的力学性能

主要有抗拉、冷弯、冲击韧性和耐疲劳性等几项。抗拉性能又包括屈服点、抗拉强度和伸长率,它们是钢材的重要技术指标。

(三)钢筋的外观检查

钢筋外形尺寸符合技术标准的要求,钢筋崭新,未锈蚀,无裂缝,无结疤,无折叠。光圆钢筋浑圆;变形钢筋纹路清晰,纹距均匀,钢筋表面的凸块不得超过纹路的高度。

(四)钢筋的配料

根据钢筋混凝土结构构件中钢筋的种类、形状、级别和规格等计算钢筋的下料长度和根数,称为钢筋的配料。钢筋的配料与混凝土保护层厚度、钢筋末端弯钩的增长值,钢筋的间距和钢筋的搭接长度有关。

(五)混凝土保护层

钢筋混凝土构件中的受力钢筋外缘至构件外表面有一定厚度的混凝土,称为混凝土保护层。混凝土保护层的作用主要是防止钢筋锈蚀,并保证钢筋与混凝土之间有足够的黏结力。全封闭沼气池为高湿度环境,混凝土强度较高,混凝土保护层的厚度为 25 毫米。

(六)钢筋末端弯钩的增长值

受力光圆钢筋的末端需要做弯钩。弯钩的作用是以加强混凝土与钢筋之间的锚固。变形钢筋的纹路增强了钢筋与混凝土之间的黏结力。受力变形钢筋、受压光圆钢筋、焊接固架和焊接网中的光圆钢筋,末端可不做弯钩。由弯钩引起钢筋外包尺寸以外需增加的长度,称为增长值。其圆弧直径 D 不应小于钢筋直径的 2.5 倍,平直段长度不宜小于钢筋直径的 3 倍,弯钩的增长值为直径的 6.25 倍,如图 3-3 所示。

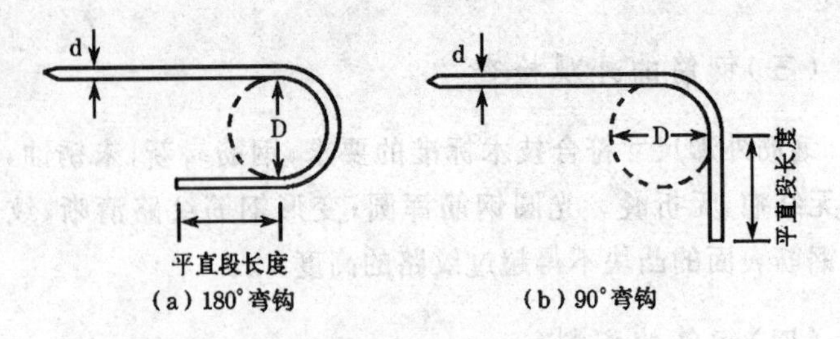

图 3-3 钢筋末端弯钩示意图

(七)受力钢筋的间距

技术标准为 200 毫米。

(八)钢筋的搭接长度

钢筋需要接长时,其接头形式常为焊接接头和绑扎接头。焊接接头可以充分利用钢筋的短头余料(绑条),节省钢筋,降低生产成本,减轻劳动强度,提高工效。直径在 10 毫米以上的钢筋,连接应优先采用焊接。焊接钢筋的搭接(绑条)长度:单面焊为钢筋直径的 8～10 倍,双面焊为钢筋直径的 4～5 倍。绑扎钢筋的搭接长度:Ⅰ级钢筋为 25 倍钢筋直径,即直径为 8 毫米时,绑扎搭接长度为 200 毫米。同一根钢筋不得有两个或两个以上的接头。

钢筋下料长度和根数的计算公式:

直钢筋下料长度=构件长度－保护层厚度＋端部弯钩增长值

箍筋下料长度=箍筋周长＋箍筋长度调整值

钢筋根数=(配筋范围长度－保护层厚度)÷间距＋1(四舍五入取整数)

全封闭沼气池的受力钢筋、构造钢筋(墙体横筋即箍筋)和螺旋纹钢筋的直径分别为 8 毫米、6 毫米和 14 毫米。6 毫米箍筋长度调整值为 98 毫米。现以劣质地基沼气池底板为例,计算钢筋的配料，参见图 3-1。各边边长在 3 米的基础上，每边分别加宽 0.2 米，各边边长为 3.4 米。

受力钢筋的长度：

3.4－2×0.025＋2×6.25×0.008＝3.45（米）

受力钢筋的根数：底板为正方形，受力钢筋的总根数应翻一番。

[(3.4－2×0.025)÷0.2＋1]×2＝36（根）

6 根加固螺旋纹钢筋的长度：

3.4－2×0.025（不弯钩）＝3.35（米）

底板四角是底板的最弱部位，最容易断裂或开裂，各用 1 根长度能搭过池墙位置的受力钢筋（ϕ8 毫米），将四个直角均分成 45°的角，弥补四角无钢筋的缺陷。

二、钢筋的加工

钢筋的除锈、调直、切断和弯曲等称为钢筋的加工。现在绝大多数建材店使用钢筋调直切断机，能同时完成钢筋的除锈、拉伸、调直和切断四道工序，弯钩机械能将钢筋末端弯钩。

手工弯曲 ϕ6～ϕ10 钢筋，使用手摇板、钢筋扳子或钢管扳子和卡盘。钢筋扳子的自制：取一段长 500 毫米的较宽角（二面角）钢，在角钢的任意一端边沿钻一个直径为 12 毫米的孔，孔距二面角 10～12 毫米，将孔套在卡盘的扳柱上，利用 90°的二面角来弯制钢筋。钢管扳子的自制：即内径为 12 毫米、长 500 毫米的钢管。卡盘的自制：卡盘由较厚钢板底盘和扳柱焊接而成，扳柱直径 12 毫米，长度在 40 毫米左右，扳柱的两斜边净距为 100 毫米左右，底边净距为 80 毫米，如图 3-4(a)所示。底盘需固定在工作台上或一块较长的厚杂木板上。卡盘的临时制法：用厚杂木板钻孔来取代钢板底盘，扳柱随板的厚度而加长。手工弯曲操作要点：弯制钢筋时，扳子一定要托平，不能上下摆，以免弯曲的钢筋产生翘曲，起弯时用力要慢，防止扳手脱落，结束时要平稳，掌握好弯曲位置，防止弯过头或弯不到位。钢筋弯曲成型后的尺寸与设计尺寸的允许偏差全长为±10毫米。

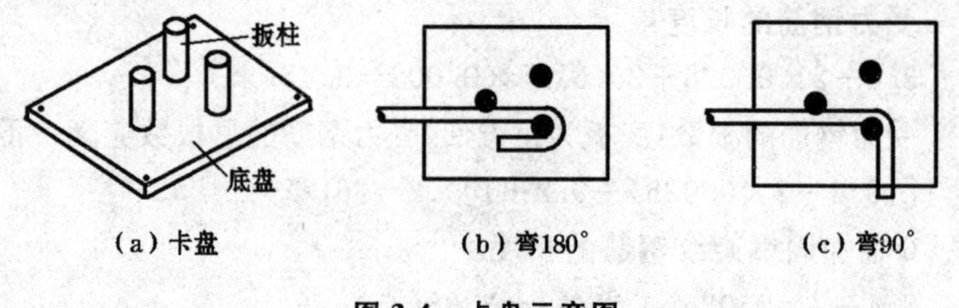

图 3-4 卡盘示意图

三、钢筋的保管

钢筋应挂牌堆放，注明沼气池配置部位、钢筋型号、尺寸、直径和根数，室内地面应干燥，堆放钢筋的垫木高度应高于20厘米，以便通风，钢筋不得与酸、盐、油等物品存放在一起，附近不得有有害气体，如沼气、煤气等以防腐蚀钢筋。

第四节 地基施工技术

一、地基的放线

(一)较好地基的放线

较好地基无须加大底板，无须外粉刷，按池底实际数据放线。

(二)劣质地基的放线

底板的薄弱环节在四周边沿，底板断裂或开裂，都是从边沿开始。凡地基冒水，地基为杂填土、淤泥、流沙、松软膨胀土或湿陷性黄土等劣质地基，池底四周外沿至少要加宽0.2米，放线要放足到

0.6米，小于这个数，沼气技术员搞外粉刷时无立足之地。

按图3-2放线时，沼气技术员要从中打桩，交代清楚，水压间转弯伸出部分及储肥池很浅，参见图3-1。如果农户把很浅的这部分挖得跟发酵间一样深，结果不得不回填土再夯实，劳民伤财还质量差。

二、池坑的开挖

开挖深度＝底板厚度＋池高＋顶板厚度＋进料管的高出部分

范例8米³全封闭沼气池的开挖深度：

0.2＋1.8＋0.2＋0.2＝2.4(米)

(一)池坑开挖时的安全操作

严禁单人作业；严禁挖成上凸下凹的“洼岩洞”；必要的时候打桩、搁树条或厚木板固定，以确保安全。挖出来的松土和建池材料，要放在距池坑边沿1米以外，防止塌方。正确的开挖方法是放坡开挖：土质好，较直；土质差，较斜。

(二)构筑平台

地基挖好后，复测一下池坑的深度、长度和宽度，四角是否为直角。确定无误后，在坑内四周开沟排水，将水引出池坑。水无法自然流出的池坑，应在池坑旁边挖一个小坑，人工舀水或机器抽水，将水引离施工现场。淤泥地基的池坑坑底，应铺垫大块石，块块踩实，层层压紧。有稀泥被石块挤出来时，铲掉稀泥，继续垫石，直到泥不再往上挤、石块不再往下沉为止，接着用碎石填平，铲掉四周的泥巴，将坑底整成中间高、四面沟的平台。

(三)池坑开挖后的安全操作

一个小型全封闭沼气池的地基，手工开挖，需要好多个劳动日。在开挖过程中，难免不碰到下雨，水浸池坑最容易引起塌方，雨水灌满池坑后，水浑容易引起错觉，看不出挖了池坑，还以为是平常下雨时的积水。因此，下雨时要用塑料薄膜盖好坑顶，不让雨水和外界的水进入坑内。农户要教育小孩，不要在挖好的池坑边嬉戏玩耍。池坑周围，要用木、竹、柴火、塑料网等设立简易临时防护栏，防止人、畜、禽跌入，避免伤亡。

第五节　底板施工技术

以劣质地基的底板施工技术为例。

一、支模与铺膜

劣质地基的底板四周需要支外模。支木模较快捷，模板较厚，模高 18 厘米，模板较宽时，在板中划线，确定高度。模板接缝严密，用短木板贴在接缝处的外围，每个接缝外围只需打一个桩，短粗钢筋可以做桩。桩和模板应具有足够的强度、刚度和稳定性。支模时不得堵塞四周的排水沟。

铺膜之前，在地基平台上铺 1 厘米左右厚的沙子，用扫帚扫平。铺沙子的目的，一则使沼气池和发酵料液的压力能够均匀地传递到地基上去，沙子起了一个填充和传递的双重作用，底板受力均衡，不易损坏；二则是为铺膜铺平道路，地基表面平整、柔软，两层粘在一起的塑料厚膜不易弄破。如果家里有废旧塑料薄膜，先垫旧的，再铺新的，自然铺平，边铺边检查，发现新塑料厚膜有漏洞或裂缝时，及时贴补，浇筑混凝土时水泥砂浆会将补的和被补的两张塑料厚膜胶结在一起。塑料厚膜的边沿用模板压住，防止浇筑混凝土时发生位移。整个底板均垫了块石的，不再铺塑料厚膜，让混凝土跟块石凝结在一起，有块石垫底，底板增厚，强度增强，水泥砂浆不会流失，不会渗入土层而形成孔隙，底板底面还是等于搞了外粉刷。

二、模内钢筋绑扎

（一）绑扎材料

主要规格为 20～22 号的镀锌铁丝或绑扎钢筋专用的火烧丝，俗称扎丝。直径为 8 毫米、10 毫米、12 毫米和 14 毫米钢筋的扎丝长度分别为 15 厘米、18 厘米、20 厘米和 23 厘米。

（二）绑扎方法

底板和顶板钢筋网片宜用一面顺扣绑扎法：将扎丝中部对折，对折部分从要扎的两根钢筋底下穿过，用铁丝钩钩住对折的扎丝，与扎丝的两个端部一起旋转扭紧，如图 3-5(a)所示，该法操作简便，绑点牢靠。

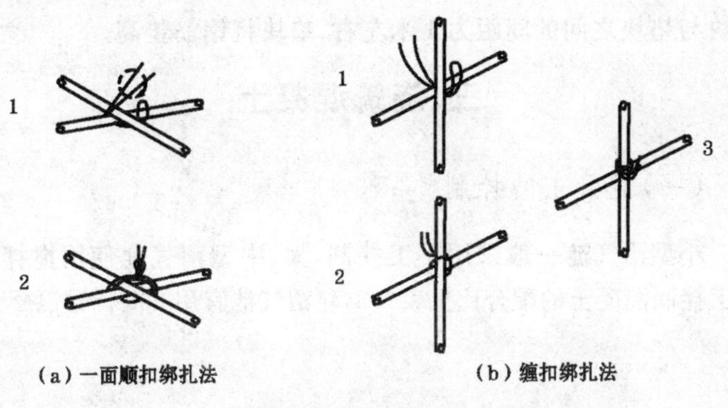

(a) 一面顺扣绑扎法　　(b) 缠扣绑扎法

图 3-5 钢筋的绑扎

池墙钢筋网片宜用缠扣绑扎法：在一面顺扣绑扎法未旋转扭紧的基础上，将扎丝的两个端部围绕要扎的上面这根钢筋缠一圈后再旋转扭紧，如图 3-5(b)所示。该法绑点牢靠，钢筋不易下滑。

(三)6 根加固螺旋纹钢筋的绑扎

4 根摆在四周池墙底下,2 根横、竖摆在中间,6 根加固螺旋纹钢筋构成一个“田”字,然后绑扎。

(四)底板光圆钢筋的绑扎

绑扎程序:画线→摆筋→绑扎→安放垫块。用粉笔根据光圆钢筋的间距依次在四周螺旋纹钢筋之上画出标记,依照两组对边的标记摆筋。当采用一面顺扣操作法时,每个绑扎点进铁丝扣方向要求变换 90°,这样绑扎的钢筋网片整体性好,不易发生歪斜变形。每个交叉点全部扎牢,扎丝头朝内,不能侵入到混凝土保护层厚度内。光圆钢筋绑扎在加固螺旋纹钢筋之上,四角附加钢筋绑扎在光圆钢筋之上。水泥砂浆垫块厚度等于混凝土保护层厚度,垫块与垫块之间的间距为 1 米左右,垫块将钢筋垫高。

三、浇筑混凝土

(一)混凝土的拌制

小型沼气池一般采用手工拌制,大、中型沼气池使用搅拌机。手工拌制混凝土的配合比见表 3-3,建沼气池宜用 200 标号混凝土。

表 3-3　混凝土、砌筑水泥砂浆、抹面水泥砂浆配合比

混凝土							砌筑砂浆			抹面砂浆			
混凝土标号	配合比（重量比）	材料用量（千克/米³）				水泥标号	配合比（重量比）	材料用量（千克/米³）		配合比（体积比）	1 米³ 砂浆材料用量		
	水∶水泥∶沙∶石	水	水泥	沙	石		水泥∶中沙	水泥	中沙	水泥∶细沙	水泥（千克）	细沙（米³）	水（米³）
100	0.82∶1∶3.09∶6.00	180	220	680	1320	325	1∶7.0	180	1260	1∶1	812	0.680	0.359
150	0.68∶1∶2.46∶4.59	187	275	678	1260	325	1∶5.6	243	1361	1∶2	517	0.866	0.349
150	0.75∶1∶2.76∶5.12	187	249	688	1276	425	1∶4.8	301	1445	1∶2.5	438	0.916	0.347
150	0.68∶1∶2.53∶5.38	170	250	634	1346	325				1∶3	379	0.953	0.345
150	0.75∶1∶2.72∶5.79	175	234	637	1354	425				1∶3.5	335	0.981	0.344
200	0.60∶1∶2.01∶4.18	185	308	620	1287	325				1∶4	300	1.003	0.343
200	0.65∶1∶2.32∶4.48	185	284	658	1273	425							
200	0.60∶1∶2.13∶4.73	170	284	604	1342	325							
200	0.67∶1∶2.44∶5.30	171	255	622	1352	425							

(二)手工拌制混凝土的场地

最好是水泥坪地,钢板(可用废旧油桶拆开展平)或油毛毡次之,严禁直接在泥土地上拌制混凝土。

(三)手工拌制混凝土的方法

清扫、冲净拌制场地;将称好的沙子倒在拌制场地并摊平;将水泥比较均匀地倒在摊平的沙子上;拌制混凝土的两人,分站两旁,手握铁锹,拉锯式地铲起水泥、沙子往同一边倒,使水泥、沙子混合在一起,铲完第一遍,第二遍翻过来往回倒,不得满地“打地铺”,尽量少浪费些水泥砂浆,这样相对干拌 2～3 遍;将水泥沙子的混合物堆成长方体,在长方体中间挖一条长方形凹槽,往凹槽里比较均匀地倒入卵石,加入 2/3 的拌和水,接着湿拌,边拌边往没有湿透而较干的混凝土里陆续加入剩余的 1/3 用水量,直至色泽均匀一致、没有夹生现象,混凝土的拌制方达要求。拌和水应用自来水或天然洁净饮用水,pH 值应不小于 7。

(四)混凝土的浇筑

浇水湿润模板,防止拆模困难。浇筑混凝土从一边开始,向前推进,免得挑混凝土的人员来回踩在钢筋网片上,导致钢筋弯曲或松绑。模板四角容易被卵石卡住而出现蜂窝孔洞,应用卵石较小的混凝土。在浇筑过程中,垫块移动了的要重新安放,有的本来就没有安放垫块,遇此情况,要用铁丝钩或蚂蟥钉钩住钢筋,轻轻地往上提一提,边浇筑边提,使最底下的螺旋纹钢筋有足够的混凝土保护层厚度。浇筑必须连续进行,混凝土随拌随用,应在 45 分钟内使用完毕,发现混凝土板结,应重新拌几遍再使用。主、副池底板浇筑 5° 的坡度,进料管底端为坡顶,沼肥通道口为坡底。小型沼气池,浇筑完毕后立即振捣。大、中型沼气池边浇筑边振捣。振捣要来回反复、纵横交错，不得漏振，边角等处尤应注意，以混凝土表面呈现水泥浆和不再沉落为合格。没有交流电的地方，可拍打夯实。通过振捣、拍打，排出混凝土内部的空气和部分游离水，使砂浆充满石子间，以达到内部密实、表面平整的目的。阴天浇筑混凝土，可能会遇到下雨的情况，防雨的塑料薄膜应用竹竿、木棒平行倾斜支撑，不得纵横交错形成一个个方格，落于塑料薄膜之上的雨水将被各个方格兜住，一旦损坏，兜里大量的雨水瞬间冲击，后果严重。浇筑用具和拌制场地在浇筑完毕后，立即用清水冲洗干净。

四、混凝土的养护

（一）养护目的

使混凝土有适宜的硬化条件，混凝土表里收缩一致，不产生裂缝，不“烧坏”混凝土。

（二）养护方法

在气温很高时，浇筑混凝土 2 小时以后应及时覆盖养护，以免混凝土水分蒸发过快。浇筑混凝土应在 12 小时内浇水养护。普通硅酸盐水泥第一次浇水养护时间的确定：气温很高，眼看混凝土的表面完全没有了水珠，没有了湿的印痕；手指轻压混凝土，有压不进去的感觉，压后留在混凝土表面的痕迹很浅；用洒水壶试洒，水滴打不动砂浆，洒在混凝土上的水清而不浊；试洒不起泡，表层不游离；浇筑 8 小时以后，可以开始洒水，洒与拌制混凝土相同的水。8 小时以前，只能覆盖养护。覆盖养护，通常使用稻草、秸秆等。大、中型沼气池的浇水养护：最初几次，最好用洒水壶，不可以直接步入中间洒水，需用两块较长、较宽的小木板，先放一块，一只脚踏上去，再放另一块，踏另一只脚，交替使用，两块木板就相当于洒水人员的两只鞋，洒过几次以后不用木板时，也要穿平底套鞋，禁止穿高跟鞋洒水。值得提醒的是:用自来水软管洒水时,最初几次不得将管口捏扁喷水,当心水流过急、压力过大,冲坏混凝土。日平均温度低于5℃时不得浇水。打霜、结冰,要加盖塑料薄膜或篷布,进行防冻养护。

(三)养护时间

因水泥的种类不同而有很大的差异,普通硅酸盐水泥或矿渣硅酸盐水泥拌制的混凝土,不得少于7天;火山灰质及粉煤灰硅酸盐水泥及掺用外加剂拌制的混凝土,不得少于14天。多养护几天只有好处。每天洒水的间隔时间,以混凝土表面时刻保持湿润状态为准。浇水加覆盖,养护效果会更好。

第六节　砖墙砌筑技术

一、砌墙砂浆的拌制

(一)砌墙砂浆的作用

砌墙砂浆在砌墙中起胶结和填充的双重作用,砂浆阻止砖体的滑动,胶结单个砖块成墙体,填充砖块之间的缝隙,传递上部的外力到下层。砌墙水泥砂浆由胶结材料水泥、骨料中沙按一定比例混合,与适量的水拌和搅拌而成,其配合比见表3-3。

(二)砌墙水泥砂浆的技术要求

1. 流动性　是指砂浆的稀稠程度,即稠度。水泥砂浆的流动性与水泥用量、沙子用量、沙子形状与颗粒大小、拌和水用量,及砂浆搅拌时间等有关。水泥砂浆的流动性,应根据施工时大气温度和湿度而定,当气候湿冷或砖浇水过多,稠度宜较稠;当砖浇水适当而气候干热，稠度应较稀。

2. 保水性　是指砂浆搅拌后至使用这一时间内，砂浆中的水分与胶结料及骨料分离的快慢程度，分离慢则保水性好。保水性与砂浆配合比、沙子粗细程度及密实度等有关。

3. 强度　砂浆的主要技术指标是强度，水泥砂浆具有较好的强度和黏结力。全封闭沼气池一般采用MU7.5的水泥砂浆砌墙。

4. 砌墙水泥砂浆的拌制　将规定量的沙子和水泥干拌均匀后，把干灰堆成圆形，中间挖成凹坑放定量水，用铁锹翻拌均匀。砌墙砂浆质量的好坏，直接影响墙体的强度和整体性，直接涉及沼气池是否漏水、漏气和经久耐用的重大课题。

砌墙水泥砂浆质量不合格的因素，不外乎原材料和技术两方面。

(1)*原材料因素*　农村建沼气池，原材料的好坏不可能经实验室检测，但可以凭目测或感觉，大致辨别原材料的合格程度。

①水泥。是否过期，看生产日期；是否回潮，取一部分水泥于手掌之内，用力握紧，然后松开，水泥迅速自动散开呈粉状，说明水泥干燥、正常；水泥不能自动散开，呈团状，说明水泥已开始回潮；开包察看，水泥袋里的水泥，颗粒状明显，甚至还有块状，说明水泥已严重回潮，筛去颗粒状和块状水泥，还有一定使用价值的粉状水泥，可以移作他用，不能用来建池。

②中沙。没有过筛，在砌墙过程中，小石子将砖拱起，砖压不紧、压不平，超出准线，沼气技术员要用瓦刀从砂浆中凭感觉将小石子一颗一颗地拣出来，比过筛的时间要多出好几倍。河沙最容易和泥土混在一起，在湿润状态，肉眼很难分辨出河沙含泥量的多少，容易蒙混过关。检测办法是：用脸盆装半盆中沙，加水淹没，用手反复搅拌，水很浊说明泥土太多；如有草屑、树叶等轻物质，必浮出水面；再迅速搅拌几下，把水慢慢倒掉，中沙沉底，细沙居中，泥层在上。泥土杂质太多的中沙要洗净后才能用。

③拌和水。使用了含酸、碱、油、糖、盐的水或工业污水，这些

有害物质会影响砂浆的凝结和硬化。

(2)技术因素　配料不准确:砂浆的配合比不是用重量比,而是用体积比,中沙用箕子计量,论箕数,箕有大小,装多装少,悬殊很大,中沙的计量精度没有控制在±5%以内。拌制技术差:干拌未均匀,过早掺水,湿拌就很难均匀了,甚至出现团块或夹生现象;施工无计划,一次拌制砂浆过多,不能在1～2小时使用完毕,上午拌制的砂浆下午用,当天的砂浆加水翻动搅拌几遍第二天用,何来黏结力?

二、浇砖、盘角与挂线

(一)浇　砖

浇砖是砌墙的重要一环,浇砖能把砖表面的泥土和粉尘冲洗干净,使砂浆在砌筑过程中保持一定的流动性,从而提高砌体灰缝砂浆的饱满度和操作效率,提高砌体质量。如果用干砖砌墙,砂浆中的水分会被干砖全部吸去,使砂浆失水过多,不易操作,难以保证水泥砂浆硬化所需的水分,不利于墙体的整体性和强度。如果把砖浇得过湿或边浇边砌墙,砖表面水分过多,砂浆的流动性增大,砖的重量会把灰缝压薄,砖面低于准线,增大误差,严重的会导致墙体变形。从砖窑出来未淋过雨的黏土红砖,内外十分干燥,砖的颜色较浅,很多粉尘附在砖的表面,砖拿到手里掂量感觉较轻,这样的砖要多喷、多泼。浇砖一般以水浸入砖的四边1厘米左右为宜,做到外干内湿,砖含水率达到10%～15%。常温下施工,所用的黏土红砖要在砌筑前1～2天浇水浸湿。很高气温下(35℃以上)施工时,应上午浇水下午用,傍晚浇水第二天上午用。冬季施工,用水浇砖会产生冰冻,砖表面结成冰膜后不能与砂浆较好结合,所以冬季施工不浇砖。

（二）盘　角

砌墙先从墙角开始，在墙角上铺一层砌墙砂浆，按标准要求砌几皮砖，这叫盘角，又叫立头角或把大角，如图 3-6 所示。盘角要选择棱角整齐方正烧透了的老火砖，错缝用的“七分头”同样要规矩整齐。砌 4～5 皮砖后，用水平尺检查高低和平整，水平尺的气泡居中表示水平；用托线板和线锤检查垂直度，线锤靠近墙但不触及墙，线锤的线与墙面平行表示墙面垂直。盘角要做到“三层一吊，五层一靠”，还要常用眼穿墙，从上边第一砖穿到底，每层砖都要能看到砖角，砖的两个侧面都要在一个平面上，如有出入，及时纠正。

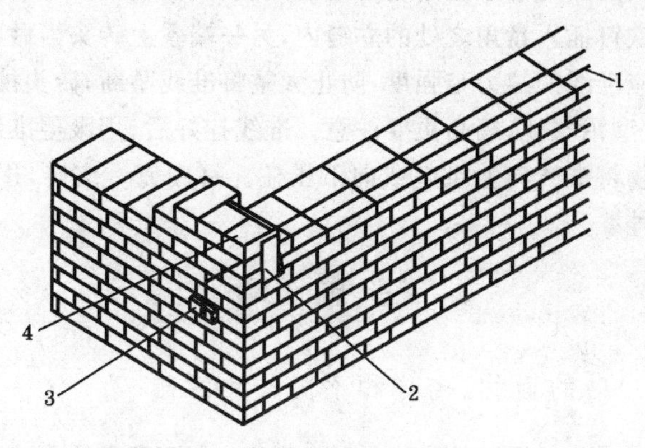

图 3-6　挂线坠重示意图

1. 准线　2. 竹片　3. 坠重　4. 盘角

（三）挂　线

砌墙以线为准，这根线，称为准线，如图 3-6 所示。准线要和两块竹片配套使用：竹片长 100 毫米左右，宽 10 毫米以上，厚 5 毫米左右，从两块竹片的厚度中间用刀各劈一条缝，缝深为竹片长度的一半多。注意,不能从竹片的宽度中间劈缝,如果从竹片宽度中间劈缝,在使用过程中,可能是竹片的小面(厚度)触墙,也可能是竹片的大面(宽度)触墙,时大时小,准线不准,所砌之墙质量差。竹片的功能是防止准线勒入墙面灰缝内。水泥俗称“洋灰”,故水泥砂浆又名“灰浆”,简称“灰”或“浆”,砖与砖之间的缝则称为灰缝,水平方向的缝称为水平缝,垂直方向的缝称为立缝,灰缝宽度8～12 毫米。

在两个盘角之间用准线联结,称为挂线。砌外墙,准线要挂在外墙墙面。砌内墙,一般把线挂在沼气技术员所站立的这一侧,墙的平直、垂直都可以兼顾。挂线时,准线夹在两块竹片的劈缝里,竹片的大面始终紧贴盘角之处的墙面;准线一端系铁钉,绕盘角一圈后将铁钉插入盘角之处的立缝内,另一端系上砖头当做坠重,坠重应适应准线的拉力与强度,防止太重将准线坠断,砖头掉下砸到人,砌大型沼气池,墙高更要注意。准线挂好后,用眼望准线,看是否有障物将准线向上拱起或向下压住。每砌完一皮砖,逐步往上起线又挂线。

三、砌　墙

(一)砖的面称、砌称和不同尺寸的砖

1. 面称　大面:标砖砖上 240 毫米×115 毫米的面。条面:标砖砖上 240 毫米×53 毫米的面。顶面:标砖砖上 115 毫米×53 毫米的面。面称如图 3-7 所示。

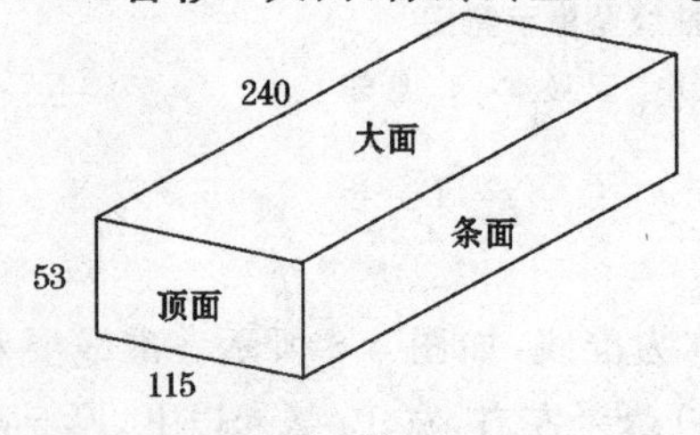

图 3-7　砖的面称　(单位:毫米)

2. 砌称　卧砖(眠砖):按砖大面平放的砖,称为砌卧砖或砌眠砖。陡砖:按砖

条面平放的砖,称为砌陡砖。立砖:按砖顶面平放的砖,称为砌立砖。

3. 不同尺寸的砖 七分头:砖长 3/4 的砖。半砖:砖长 1/2 的砖。二寸头:砖长 1/4 的砖。二寸条:砖宽 1/2 的砖。

(二)实心墙的组砌方法

1. 顺砌法 也称条砌法,各皮砖全部用顺砖砌筑,上、下两皮间立缝搭接为 1/2 砖长,此法适用于水压间和储肥池的 12 墙(墙宽 120 毫米)。

2. 顶砌法 各皮砖全部用顶砖砌筑,上、下两皮间立缝搭接为 1/4 砖长。一顺一顶砌法:又叫满条满顶法,由一皮顺砖与一皮顶砖相互交替叠砌而成,各皮砖的内、外缝相互搭盖,墙的外表各皮砖的立缝都错开 1/4 砖长,此法适用于发酵间的 24 墙(墙宽 240 毫米),如图 3-6 所示,这种砌法,各皮砖之间搭接牢固,墙的整体性较好,强度高,操作上变法较小,易于掌握。

(三)砌砖的操作方法

目前,砌砖多采用一铲灰、一块砖和一挤揉的“三一”砌砖法(满铺满挤砌砖法)。

1. 铲灰和取砖 操作者顺墙斜站,砌筑方向由前向后或由左至右退着砌,便于对前边已砌好的墙进行检查。铲灰时,以够砌筑一块砖的量为准,右手拿铲,从灰桶中舀起一铲灰时,左手顺手取一块砖,把表面方整光滑不弯曲和不缺棱掉角的砖面放在外面,砌好的砖才能颜色、灰缝一致。

2. 铺灰甩浆 有正手甩浆和反手甩浆两种,甩浆是将铲上的灰准确甩在要砌砖的位置上,甩出浆的厚度使摊铺面积正好能砌一块砖。

3. 放砖挤揉 往墙上放砖时,左手拿砖距已砌好砖 3～4 厘米处，将砖平放并稍蹭灰面，把灰挤一点到砖顶头的立缝里，然后把砖揉一揉，使砂浆能与砖更好黏结，砖需揉到上齐准线，下跟砖棱，把砖摆正为止。右手用铲将墙面上挤出的灰刮起来，甩到前面立缝或灰桶中。

4. 砖墙的连接 内、外墙不能同时砌起，出现接头，又叫接槎。

(1)直槎连接法 接口是一进一出，留槎处自墙面引出，每隔一皮砖则伸出墙外 1/4 砖，便于与后砌墙衔接咬槎，该法接槎处容易出现缝隙。

(2)斜槎连接法 将留砌的接槎砌成台阶踏步的形式，高度不大于一步架，即 1.2 米，长度应少于高度的 2/3。斜槎留头和接头都较方便，且镶砌接头时易铺灰，灰缝能饱满，接头质量有保证。

(四)砌墙的基本技术要求

横平竖直，灰缝均匀，砂浆饱满，上下错缝，内外搭接，咬槎严密，黏浆面好，黏结度高，保证质量。在砌墙过程中，水泥砂浆初凝后，千万不要往里砸砖或往外撬砖，使墙面平整。建小型全封闭沼气池，池体不高，池墙不长，墙内、墙外有粉刷，墙面的轻度偏差影响不大。建大、中型全封闭沼气池，偏差部分必须拆掉重建，才能保证质量。

(五)砌筑的安全操作

砌筑池墙休息时，用户要当心小孩将刚砌好的池墙当平衡木行走，踩松、踩跨池墙，祸及人或沼气池。

(六)砖墙的养护

池墙的浇水养护，在实际工作中多被忽视，忽视的原因，是把建沼气池与建房屋混为一谈了。殊不知，水泥砂浆的凝结速度比石灰砂浆或水泥石灰混合砂浆的凝结速度快很多倍。为此,应对沼气池墙体正面及两侧面进行浇水养护,养护时间、浇水用量和浇水次数,视气温、干湿而定,高温、干燥多浇,低温、高湿少浇,第一次浇水要试浇。

第七节 钢筋混凝土墙浇筑技术

较好地基既可以建砖墙沼气池,又可以建钢筋混凝土墙沼气池。砖墙沼气池比较经济。钢筋混凝土墙沼气池虽然造价较高,但适合于地震频繁的地区或国家。劣质地基的底板边沿是底板上方被加厚,较好地基的排水沟被钢筋混凝土墙填满,底板边沿是底板下方被加厚,上、下加厚,殊途同归,分别解决了底板的薄弱环节在四周边沿的矛盾。钢筋混凝土墙的浇筑技术,不外乎支外膜、绑扎钢筋、支内模、浇筑混凝土及其养护等。

一、支外膜

开挖地基时,坑壁不可能挖得很平整,需用较大木槌敲击凸处,使坑壁凹凸程度相对减小,变得较为平整,然后支外膜。外膜直立,紧贴坑壁,不承重,只起一个隔离作用,浇筑混凝土时防止坑壁掉土到混凝土里来。外膜可用双层粘在一起的塑料厚膜,底边着地,中上部用长铁钉穿戴1寸见方的厚纸板固定在坑壁上。

二、绑扎钢筋与安放垫块

(一)钢筋的绑扎

垫底膜后,在底板上摆放6根加固螺旋纹钢筋,四周池墙底下各1根,中间横、竖各1根,构成一个“田”字形,扎紧各个交叉点。在四周的螺旋纹钢筋上,根据光圆钢筋的间距,画线、摆筋,摆横跨底板的墙体竖筋。横跨底板的墙体竖筋,仅绑扎底板四周的交叉点,竖不起来,总是往一边倒,不是往左倒就是往右倒。为了定位,在池坑边沿临时绑扎 1 根墙体横筋。将各根墙体竖筋竖直后,按间距绑扎在临时墙体横筋上,然后从下至上摆放墙体横筋,用缠扣法绑扎。最后用一面顺扣绑扎底板钢筋的各个交叉点。绑扎程序不要搞错,如果首先绑扎底板钢筋的各个交叉点,往一边倒的墙体竖筋就很难扳正过来。

(二)安放垫块

池底安放垫块:同砖墙沼气池底板垫块的安放。池墙安放垫块:最简单最有效的办法是用厚度跟垫块差不多的木板作临时垫块,木板刨光的一边紧贴外膜,浇筑混凝土抽取临时垫块时不会损坏塑料厚膜。

三、支内模

(一)制作拼板

钢筋混凝土墙的内模,需分上、下两段来支。每段均用零星板子拼成拼板,即在排列整齐的横板子上钉 4 根方料作竖杆。横板太薄或由短板搭接时,需增加竖杆的根数。每根竖杆上要钉两段短木料来安放上、下两根横杆。拼板的高度为半墙高,拼板长度=净空长度-2 倍墙厚(2×18 厘米)。在下段拼板上分别预留沼肥通道口墙和进料管墙的钢筋砼板位置。在上段拼板上预留导气管的位置。

(二)准备横杆

横杆是用来支撑相对的两块拼板的,横杆长度=净空长度-2 倍墙厚-两边拼板及竖杆的厚度。将拼板、横杆编号,做出标记,届时对号入座，节省时间。

（三）支下段内模

支下段内模前，浇筑18厘米厚的底板混凝土。底板上振捣以后的游离水过多时，放干砖吸掉。接着在底板混凝土上铺几块板子，人站在板子上支下段内模。摆好在池外浇湿了的拼板；搁好横杆；横杆与竖杆、横杆与横杆之间，均用蚂蟥钉钉牢牵制；拼板与拼板交接的沼气池四角，用4根木料，作上、下拼板的连接；将进料管墙的钢筋砼板安装在预留口处。浇筑池墙混凝土的侧压力，将会使内模移动，为此，要用木料或竹子作临时垫料，即钢筋网片的两边，一边是临时垫块，另一边是临时垫料。

四、浇筑混凝土及其养护

（一）浇筑下段混凝土

边浇筑边将临时垫块和临时垫料往上抽，抽走以后加强该处的振捣，防止空虚。发现墙体横筋明显下移时，及时纠正。浇筑到沼肥通道口墙钢筋砼板的预留口时，将两块标砖的一个条面靠在一起进行捆绑，外包两层厚纸壳，外套两层塑料薄膜，从预留口塞进去9厘米左右(1/2墙厚)，两块标砖的大部分留在外面，用楔子尖紧，防止振捣将标砖吞入墙内或挤出墙外，今后只要将两层厚纸壳湿润，就能顺利将标砖取出。

（二）浇筑上段混凝土

支好上段内模；装好导气管，导气管的两端用塑料薄膜包住，防止砂浆进入；上、下拼板之间钉板子堵缝；四角的4根木料，用6根横杆来支撑，6根横杆组成一个四边形及两条对角线，使上、下内模成为一个坚实的整体。在浇筑上段混凝土的过程中，时刻注意观察下段，如有鼓肚等异常情况，应采取紧急措施。最后，将底板上踩脚的板子拿掉。

（三）钢筋混凝土墙的养护

洒水的次数多了，池内积水很多，应舀池内的水湿润池墙，使池墙时刻保持湿润状态，不再往池里注水，减轻水对池底和池墙的压力。内模的拆除，要等到混凝土强度达到设计强度的 70%以上，需要 2 周左右，跟养护的时间大致相同。

（四）浇筑的安全操作

池墙、顶板浇筑后，顽童不得在模杆、模板上攀爬嬉戏，一怕模杆和模板松动、移动、甚至倒塌，没有完全终凝的钢筋混凝土池墙和顶板有坍塌伤人的危险；二怕待的时间过久，严重缺氧，发生意外，尤其是在池内生火时；三怕毒蛇，建沼气池时气温较高，正是蛙、蛇活动高峰期，青蛙的行动多为跳动，跳入沼气池的青蛙鸣叫不止，被食物引诱，毒蛇快速爬行，来不及“刹车”，跌入池内，藏匿于发酵间的阴暗处，用户都要格外小心。

第八节　沼气池部件施工技术

沼气池部件，有进料管、沼肥通道口、导气管、防爆阀、溢流管、水压间和储肥池。

一、进料管与沼肥通道口

进料管的横截面为等腰直角三角形，其直角为主池的一角，两条直角边各系主池外墙的一部分，斜边为进料管墙。进料管比溢流管高出 20 厘米。

进料管的安全栏杆如图 3-8 所示，使用 $\phi 12$ 毫米光圆钢筋，不能用变形钢筋,变形钢筋沾粪后很难冲洗干净。地脚螺丝的底端垂直焊一段加固钢筋,以加强地脚螺丝在砂浆中的锚固。安装地脚螺丝后,立即套上安全栏杆,拧紧螺帽,如有出入,马上纠正。为什么全封闭沼气池的进料口还加一个安全栏杆?这是因为全封闭沼气池的进料管管径较大,又是垂直设计,没有安全栏杆,用户进料和破壳搅拌很不安全。进料管的安全栏杆,必须较稀,太密了进料困难,所以进料管的安全栏杆只适合于成年人,小孩、小畜及家禽,还需另外加盖防护。

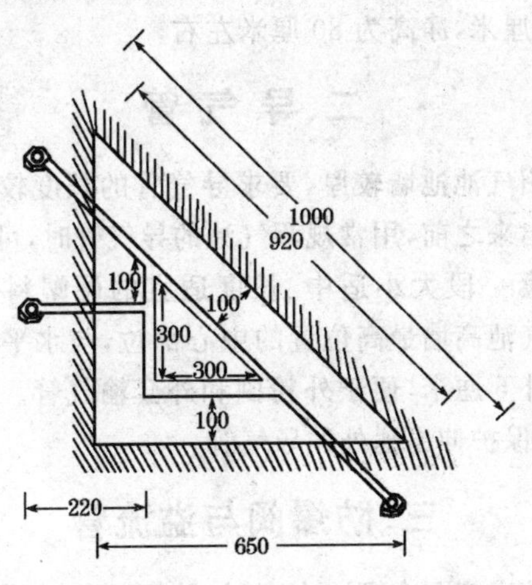

图 3-8 进料管安全栏杆图 (单位:毫米)

进料管与沼肥通道口的钢筋砼板,都应该预制,不可现浇,因为现浇后砌墙要停顿下来,耽误时间。

预制钢筋砼板:在两层塑料薄膜上,用两块木板或方料作钢筋砼板两边的外模;用两块标砖作钢筋砼板两端的外模,标砖的长度和厚度分别为钢筋砼板的宽度和厚度;两块钢筋砼板各用 2 根 ϕ12 毫米螺旋纹钢筋;留足保护层厚度,浇筑混凝土以后浇水养护

2 周；1 周后可以拆模，拆模后迅速将进料管钢筋砼板的两条棱用粗沙轮磨光滑，以减小钢筋砼板棱对破壳搅拌器钢丝束的摩擦，延长钢丝束的使用寿命，安装该砼板时，已磨棱的一面朝下。

两块钢筋砼板的悬空高度：高度太高时，沼气池在启动时需要筹措更多的发酵原料和接种物，平添了额外负担，更重要的是缩小了储气室的有效容积，降低了储气室的沼气压力和沼气池的利用率；高度太低时，破壳搅拌器无法破壳搅拌，清渣器无法清渣。例如，8 米^3 全封闭沼气池进料管与沼肥通道口钢筋砼板的浇筑或砌筑高度为 85 厘米，净高为 80 厘米左右。

二、导 气 管

全封闭沼气池池墙较厚，要求导气管的长度较长。在新导气管没有生产出来之前，用常规沼气池的导气管时，可以在导气管底端涂塑胶外套一段大小适中、长度适宜的硬塑料管。导气管砌（浇）筑在沼气池高墙最高位置的中心部位，与水平方向呈 45°角，倾斜伸出池外 5 厘米，便于外粉刷和外套输气管。在以后的建筑过程中，注意保护伸出池外的导气管。

三、防爆阀与溢流管

防爆阀的高度要合理。太高时，热天不能防爆，易损沼气池；太低时，打开防爆阀以后，储气室气压始终过低，达不到用气要求。防爆阀的高度应通过计算。计算的依据是：①在无沼气状态下，发酵间和水压间的液位，至少高出沼肥通道口上沿 20 厘米；②当发酵间气压上升，上升至储气室容积为最大时，水压间的液位高度为防爆阀的高度。范例 8 米^3 全封闭沼气池防爆阀的高度，参照图 3-1、图 3-2 进行计算。

在无沼气状态下，液面高出沼肥通道口上沿 20 厘米，高出部分，发酵间发酵料液的体积（主、副池过道体积与进料管墙体积相抵消，不计算在内）：

$[(3-0.24\times2)\times1.35+1\times0.93]\times0.2=0.8664$（米^3）

水压间转弯伸出部分（A）与储肥池等高，该部分（A）的底面高出沼肥通道口上沿：

1.8（池高）－0.8（沼肥通道口高）－0.85（储肥池高）＝0.15（米）

该部分（A）的液面高出该部分的底面：

$0.2-0.15=0.05$（米）

储气室容积为最大时，水压间的液位高度为防爆阀的高度：

$0.8664\div[1.97\times0.7+(0.93+0.12)\times0.7]+0.05=0.46$（米）

防爆阀距溢流管的垂直高度（溢流管与墙面等高）：

$0.85-0.46=0.39$（米）

防爆阀和溢流管的管径不能太小，太小了容易被浮渣堵塞，管径均在5厘米以上，其长度以墙宽为准，防爆阀要加接一段管子。防爆阀即球阀，安装在储肥池一侧，靠近外墙，便于操作，与溢流管错开砌筑，两者不宜安装在同一垂直线上，避免从溢流管流出的沼液滴在防爆阀上，加速防爆阀的锈蚀。

四、水压间与储肥池

水压间的顶板：水压间（93厘米宽）为清渣器工作提供65厘米宽的空间，65厘米以外为钢筋混凝土顶板。在水压间顶板上，靠隔墙处预留抽肥器和冲洗器口子，两口子分居水压间的两端，如图3-1所示。水压间的内踏步：沼肥通道口距内踏步的距离为2个步宽，为清沉渣创造条件。砌筑内踏步时，要以清渣器竖杆的长度为准则，还要留有清渣器负荷过重时的伸缩余地。砌筑发酵间的24墙时，要为水压间和储肥池的12墙留槎。储肥池要设立几步内踏步，便于下池用清渣器清渣。

第九节　顶板施工技术

无论沼气池是采用砖墙还是采用钢筋混凝土墙，其顶板施工技术是相同的。

一、支　模

全封闭沼气池的倾斜顶板，需要支底模和外模。

(一)支 底 模

底模由横杆、竖杆、牵材和模板组成。横杆搁在竖杆上，竖杆支在底板上，牵材钉在竖杆上，模板钉在横杆上，互相牵制，构成一个稳定的底模。底模能可靠地承受新浇混凝土的重力，以及施工过程中人员和设备所产生的荷载。

横杆搁在竖杆上。竖杆不限木、竹，小端直径均在 7 厘米以上。在木杆兜端侧面钉牢一块高出端部 7 厘米的木板。在竹竿兜端做一块高出端部 7 厘米的竹片。竹片的做法：离竹兜 7 厘米处，横锯一条缝，缝深为竹兜直径的 80%；用刀纵向劈掉这 80%，剩下的 20%为竹片；竹片极易开裂，忌讳直接钉钉，用电钻在竹片上钻上、下两个钉子一样大的孔。横杆只能用木杆，用 6.6 厘米铁钉将横杆固定在竖杆兜端的木板或竹片上。每根横杆至少有 2 根竖杆支撑。模板、横杆、竖杆的关系是：模板较薄，横杆较密；横杆较细，竖杆较密。

竖杆支在底板上。先在底板上垫上厚木板，再将竖杆支在厚木板上，以增大接触面积，减小竖杆对底板的压强，保护底板。支竖杆时，可以在竖杆下面垫木板或再垫 1～2 皮标砖，但不能垫得太高。

牵材钉在竖杆上。横杆与横杆，竖杆与竖杆，基本上是平行的，平行杆容易摇曳，为此要用到牵材。牵材可用小方料或板材，其厚度没有严格的要求，但要有足够的牵制力。牵材与牵材，互成角度，交错钉牢，起到牵制竖杆不摇曳的作用。牵材要通过主、副池通道口和沼肥通道口，使主池、副池和水压间的底模形成一个整体，做到万无一失。

模板钉在横杆上。模板为8分板。模板不能太薄、太旧，模板太薄，容易被混凝土压弯，产生缝隙而漏浆，浇筑出来的顶板凹凸不平，给内粉刷带来不便；模板太旧，风化质脆，容易被混凝土压断，酿成返工。如果模板不规则，相拼之处缝隙较宽或模板有较大空洞，应用油毛毡、硬纸壳或将芭蕉茎（不沾混凝土）用刀子划开取片等办法铺垫遮盖，防止漏浆，双层塑料厚膜还是太软，只能贴补窄缝和小洞。模板板面必须与池墙墙面持平。

（二）支 外 模

底模四周墙沿支外模，外模有木模和砖模之分。

1. 支木模　顶板内外有粉刷，模高只需16厘米，但模板应高于16厘米，外粉刷要用。在较长模板两端底边处和模板中央各钻一孔，或直接用6.6厘米长铁钉打孔，用3根12号铁丝的一端分别穿过3个孔后各打一个结，将模板侧立于池墙外边沿，两端有铁丝的底边朝下，将铁丝拉紧横跨池墙，在铁丝终端各缠一颗钉，把铁钉钉牢在已装好的底模上，使铁丝呈绷紧状态。两端的铁丝承重兼定位，中央的铁丝在浇筑混凝土时防止外模往外倾斜。外模板与外模板交接的各个直角，分别在各直角的两条直角边上斜钉一根小方料或斜拉一段铁丝，使外模成为一个整体。

2. 支砖模　砖模是在底模四周墙沿之上砌陡砖，要待砌墙水泥砂浆终凝后才能浇筑混凝土。砖模的优点是强度较高，浇筑混凝土时不会漏浆，无须拆模；缺点是陡砖占据了一定的墙宽，钢筋不能满墙，砖模的高度也不够。水压间顶板是不能支砖模的。

二、绑扎、浇筑、养护、拆模

(一)绑扎钢筋

顶板上有4根加固螺旋纹钢筋,其中2根绑扎在水压间顶板钢筋网片的边沿,用来辅助承担水压间的盖重;另2根用来辅助承担厕所的一堵墙重,该墙在沼肥通道口墙延长线的主池顶上。光圆钢筋绑扎在螺旋纹钢筋之上。

(二)浇筑混凝土

浇筑混凝土前,用水彻底浇湿模板,缩小缝隙,混凝土不沾模板,今后拆模方便。浇水后立即浇筑混凝土,从低端开始,向高端推进。混凝土振捣稍干后,拌制适量粉刷砂浆。粉刷砂浆的拌制,详见第三章第十节。顶板外粉刷厚度在2厘米以上。浇筑混凝土的当天外粉刷,砂浆干缩一致,粉刷效果好。

(三)养护混凝土

浇水以后,倾斜顶板水的流失很快,每天浇水的次数和浇水的天数应比水平底板更多,最好是采用浇水加覆盖的方式,效果会更好。

(四)拆模的安全操作

由于材质、气温等多种因素,为确保万一,顶板模板应在3～4周以后拆除。拆模时,当竖杆拆掉以后,所有横杆和所有模板往往是同时一起下,拆模人员要留好退路,注意安全。楼房拆模伤人的现象屡见不鲜,应引以为戒。

三、清渣器支架的安装

(一)清渣器支架的制作

清渣器的支架,由 a、b 两部分组成,如图 3-9 所示,使用 ϕ10 毫米光圆钢筋。

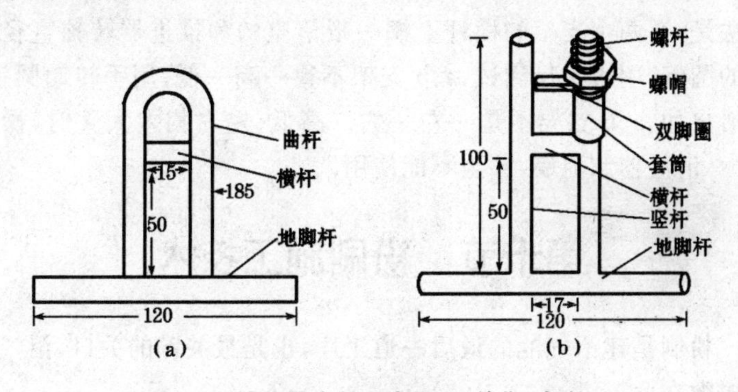

图 3-9 清渣器支架示意图 (单位:毫米)

1. a 支架的制作 a 支架由曲杆、横杆和地脚杆焊接而成,曲杆是绕一根 ϕ12 毫米圆钢弯曲敲打而成的,曲杆与横杆组成方圆环,用来支撑推进器转轴的 A 端。推进器转轴圆钢在横杆圆钢上转动,摩擦力极小。

2. b 支架的制作 b 支架由螺杆、螺帽、双脚圈、套筒、横杆、竖杆和地脚杆组成,双脚圈由一段 ϕ6 毫米圆钢围绕一段 ϕ10 毫米圆钢弯曲敲打而成。

(二)清渣器支架的安装

1. a 支架的安装 在顶板浇筑混凝土的当天立即安装。a 支架距沼肥通道口墙的垂直距离为 2 厘米(留有粉刷余地),距水压间顶板边沿为 6 厘米。方圆环的方位与推进器转轴的方位相吻合。安装时，用锤子轻轻将a支架打入混凝土里，打不进时用瓦刀挖掉混凝土里的卵石，填入砂浆，使横杆露在外面，将a支架周围的砂浆用锤子打紧，然后找平抹光。

2. b支架的安装 b支架砌筑在a支架对面12墙的中间，距沼肥通道口墙的垂直距离为2厘米，方位与a支架相同，横杆露在外面，粉刷抹光。a、b支架的横杆应在同一高度，互相平行，检测办法是，在两个支架的横杆上搁一根笔直的和推进器转轴直径相同的圆钢，用水平尺测试，a、b支架不得一高一低；用手转动圆钢，灵活自如，a、b支架不是一左一右。高低、左右相差太大时，操纵费力，清渣器刮池墙，甚至不能使用。

第十节 粉刷施工技术

粉刷是建沼气池的最后一道工序，也是最关键的关口，沼气池的成败在此一举。

一、粉刷砂浆的作用

粉刷砂浆在内、外粉刷施工中起着粘结、衬垫、传递应力和防漏的作用，外粉刷还有保护砖墙不受有害物质侵蚀、避免地下水直接对砖墙的浸泡、延长砖墙寿命的作用。

二、粉刷砂浆的拌制

粉刷砂浆由胶结材料水泥和骨料细沙按一定比例混合，与适量的水搅拌而成。配合比见表3-3。拌制方法与砌墙砂浆相同。粉刷砂浆要有很好的保水性能，保水性能差的砂浆，容易发生溢水现象，骨料下沉，水浮在上面，骨料与水离析，影响砂浆的正常硬化，降低砂浆的强度和黏结力。粉刷砂浆要有合适的稠度，砂浆太稀，涂抹时会产生流淌现象，不便于操作，墙面水分过大也会产生抹灰层沉裂；砂浆太稠，则不易涂抹，难于铺均匀，本来就不足的水分很快被砖吸干，施工后砂浆产生急剧收缩导致裂缝。粉刷砂浆要随拌随用，不能超过 60 分钟。建全封闭沼气池最好用掺有防水粉或防水剂的防水砂浆。

三、粉刷准备

砖墙：将表面残留的灰浆等污物清除干净，浇水冲洗，提前 1 天浇水湿润，高温季节粉刷前还要浇 1 次水。

混凝土表面：模板拆除后，立即用钢丝刷将表面打毛，抹前浇水冲洗干净。

四、粉刷施工

抹灰层由基层、底层、中层和面层组成。现以混凝土的粉刷为例。

当混凝土基层表面有蜂窝孔洞时，先用钻子将松散石料除掉，将孔洞四周边缘剔成斜坡，用水清洗干净，然后用 2 毫米素灰、8 毫米比例为 1∶2 的水泥砂浆交替抹压，直至与基层齐平为止，并将最后一层砂浆横向扫成毛面。

底层灰先抹素灰，不可过厚，否则造成堆积，反而降低黏结强度且容易起壳。在素灰层初凝时，接着抹 1∶2 的水泥砂浆，层厚 8 毫米。素灰层与砂浆层必须在同一天内完成，即前两层基本上连续操作。粉刷时，来回用力压实、揉浆，使砂浆层渗入素灰层，切断毛细孔道。在水泥砂浆初凝前，待收水 70%时，就可以进行收压工作，收压用塑料抹子压实，塑料抹子表面有凸块，将砂浆表面弄得很粗糙，相当于扫毛，为中层抹灰作铺垫。

中层抹灰要在底层灰收水发白后进行，相隔时间应在 3 天以上，因为水泥砂浆的强度是随着时间的推移而增长的，如果今天抹底层，明天接着抹中层，底层的强度还很低，抹中层时的力度将会损伤底层灰。浇水湿润底层后抹中层灰,中层灰抹 1∶2 的水泥砂浆,层厚 5~7 毫米。

面层灰与中层灰在同一天内完成,即后两层基本上连续操作。面层灰抹素灰,层厚 2~3 毫米,收压用钢抹子,使灰浆密实、强度高。

五、粉刷留槎

抹灰可以留槎,各层抹灰留槎不得在同一条线上,搭槎长度在 100~150 毫米,接槎时,先刷素水泥浆。墙与顶、墙与底、墙与墙之间的粉刷,分别使用阴、阳抹子,做成阴、阳圆角。

六、涂料密封

待面层灰初凝后即可用刷子涂刷素水泥浆或密封涂料,以后每隔 4~8 小时涂刷一遍,每次涂刷方位有变化,第一次横向涂刷,第二次纵向涂刷,第三次斜向涂刷,避免漏涂刷。

七、粉刷的缺陷

常见的缺陷有:抹灰层空鼓或裂缝,抹灰层起泡、开花,抹不平,有抹纹等。

(一)缺陷产生的原因

抹灰砂浆和原材料质量低劣,使用了过期或变质水泥;沙子未过筛、未清洗,全部采用粒径极小的特细沙,如矿山附近的农户,全部使用粉碎机粉碎以后洗出来的废沙、粉沙;拌和水不洁净;配合比不当;拌制不到位;一次拌制砂浆过多;基层清理不干净,浇水不透;基层偏差较大,一次抹灰层过厚;抹面灰层时未对底层灰浇水湿润;粉刷中途间隔时间过长;在处理接槎时操作不到位;施工人员经验不足,有的甚至是初出茅庐,未按规范操作等,都会产生粉刷缺陷。

(二)缺陷的治理

每粉刷一层,检查一次,用眼仔细观察,发现稍有鼓起的地方,用手背敲击,发出空荡荡的响声,声响大而虚,即抹灰层空鼓,可用对比法证实;在未鼓起的地方,用手背同样敲击,发出的声响小而实,声音不对,即可判断抹灰层是否空鼓。对抹灰层空鼓、裂缝,铲去空鼓部分,凿去沿裂缝方向一定宽度的抹灰层,清理基层后,重新浇水抹灰。对抹灰层起泡、开花,将其有缺陷面层铲去,清理底层灰面后,重新浇水抹灰。对抹不平、有抹纹,可不治理,实用就行。

外粉刷后,劣质地基底板四向外沿的加宽部分与外墙的墙根,用混凝土浇筑成 60°的斜面,打紧夯实,和粉刷层一同养护。

八、粉刷层的养护

养护必须掌握好水泥砂浆的凝结时间,浇水养护过早,砂浆表面的胶结层会遭破坏,造成起沙,减弱砂浆的封闭性;养护时间过迟,砂浆会开裂,还会因失水使砂浆酥散和起粉俗称“烧坯”;养护应在水泥砂浆终凝后,表面呈灰白色时进行。开始时用洒水壶洒水,顶板底面用喷雾器远距离无冲击力喷洒,使水被砂浆吸收,砂浆达到一定强度后才可泼洒浇水。养护时间通常不少于 7 天,矿渣水泥应不少于 14 天,直至表面呈墨绿色为止。冬季养护温度应不低于 5℃。外粉刷的覆盖养护,每隔 4 小时浇水一次,保持湿润。

第四章　全封闭沼气池配套设备的施工技术

第一节　破壳搅拌器

一、破壳搅拌器的制作

破壳搅拌器由左(L)、右(R)2根操纵杆、3根破壳搅拌杆、2根连杆、3根钢丝束、3只小螺帽、3只定位圈和挂钩组成,如图4-1

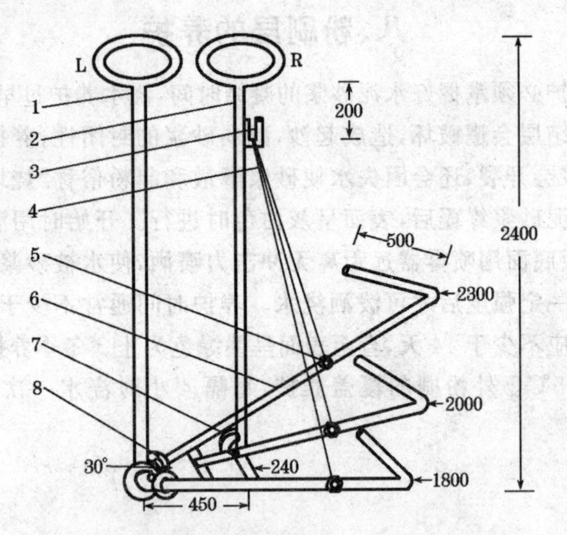

图4-1　破壳搅拌器示意图　(单位:毫米)

1. 左(L)操纵杆　2. 右(R)操纵杆　3. 挂钩　4. 钢丝束(3根)　5. 小螺帽(3个)　6. 破壳搅拌杆(3根)　7. 连杆(2根)　8. 定位圈(3个)

所示，使用 ϕ8 毫米圆钢。

(一)左(L)、右(R)操纵杆

L、R 上端各弯一个比手掌稍大点的圆圈，两个圆圈互相平行，方位一致，操纵破壳搅拌器时两手好使劲。操纵者的双手可以握两个圆圈，也可以握两根操纵杆，这对不同身高的人来说，十分方便。L、R 下端各绕 ϕ10 毫米圆钢敲打一个圆圈，焊接圆圈无接口。用一段短钢筋弯成 U 形，焊在 R 上，即成挂钩。

(二)破壳搅拌杆

长、短破壳搅拌杆由同一根钢筋弯曲 30°而成，角端呈弧形。将 L 下端的圆圈套至长、短破壳搅拌杆的弧形处。弧形两端，各套入一只内径相应的螺帽(定位圈)并焊牢，对 L 进行定位。中破壳搅拌杆是长、短破壳搅拌杆夹角的角平分线。3 根破壳搅拌杆的终端均以相同的长度上翘 45°，提升破壳搅拌的高度和效率。

(三)连 杆

长连杆上套有 R 下端圆圈和对 R 进行定位的定位圈，定位圈要焊牢。短连杆是长连杆为底边的等腰三角形的中位线。长、短连杆分别焊于 3 根破壳搅拌杆下面。

(四)钢 丝 束

3 根钢丝束提升拉力。如果没有 3 根钢丝束，3 根破壳搅拌杆软弱无力，破壳搅拌效果将会大打折扣。钢丝束不能直接绑扎在破壳搅拌杆上，否则使用时将会发生位移，要各焊一只小螺帽，小螺帽位于各破壳搅拌杆终端至长连杆的中点。钢丝束包住破壳搅拌杆穿过小螺帽再绑扎。

二、破壳搅拌器的安装

安装前，准备一把弧形较大的弯把锹和一根长绳子，长绳子不必剪断，折做三段，暂时代替3根钢丝束。

安装时，需要2～3人。将破壳搅拌杆一根根送入进料管。3根破壳搅拌杆张开的幅度较大，进料管口径相对较小，可以收拢强行送入，一般不会超过弹性限度，在池内将会自动复原。

当长破壳搅拌杆触到池底后，一手拉长破壳搅拌杆上的绳子，一手推L，使长破壳搅拌杆在主池内继续推进，拉绳子不可用力过猛，当心将破壳搅拌杆拉弯变形，超出弹性限度。与此同时，由另外一个人把弯把锹伸入进料管底，将长破壳搅拌杆协助送入池内。

当中、短破壳搅拌杆分别触到池底后，采用上述同样的方法。

确定钢丝束的长度。右手将R尽量往上拉，拉至拉不动为止，左手将L尽量往下压，压至压不动为止，由另外一个人将3段绳子拉紧至挂钩处，做出标记，另加底端绑扎长度和上端做圆圈的长度，用钢丝束取代绳子，将钢丝圆圈挂在挂钩上并绑扎。

装好进料管安全栏杆。使R靠在进料管墙边，即三角形的斜边，L靠在三角形的直角内，拧好安全栏杆螺帽，盖好安全盖板。

新沼气池安装破壳搅拌器，可派人深入池内观察，看如何才能使破壳搅拌杆顺利进入主池且不变形，只可动嘴，不可动手，为今后在不停产、不清池的情况下更换破壳搅拌器奠定基础，分别记录3根钢丝束的长度，今后维修或更换破壳搅拌器不再利用长绳子。

第二节　清渣器

一、清渣器的制作

清渣器由推进器和搜索器两部分组成，两者既分工又合作，有机地结合在一起，共同履行清浮渣和清沉渣的职责。清渣器的结构如图 4-2 所示，其中 2 根操纵杆和转轴，使用 ϕ10 毫米圆钢，其余为 ϕ8 毫米圆钢。

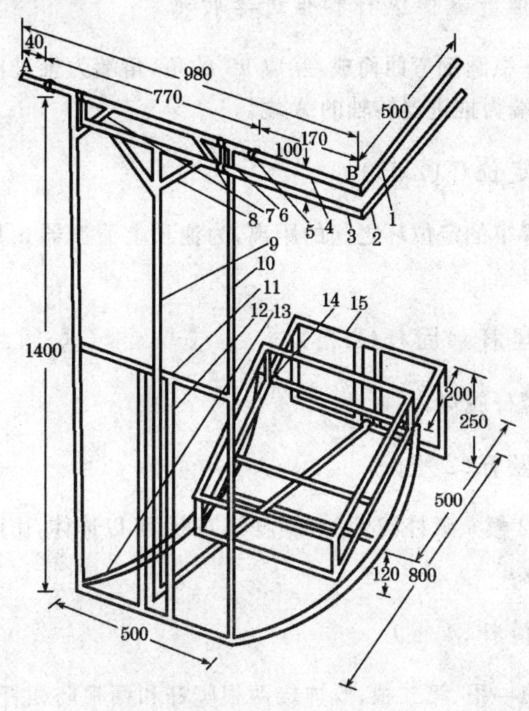

图 4-2　清渣器示意图　（单位：毫米）

1. 推进器操纵杆　2. 搜索器操纵杆　3. 搜索器转轴　4. 推进器转轴　5. 定位环（2 只）　6. 隔离杆环（2 根）　7. 竖杆加固杆（2 根）　8. 曲杆加固杆（2 根）　9. 曲杆　10. 竖杆（2 根）　11. 横杆（4 根）　12. 防摆杆（2 根）　13. 弧杆（2 根）　14. 定位转动环（2 只）　15. 搜索筐

二、推进器的结构

推进器由推进器操纵杆、推进器转轴、定位环（2 只）、竖杆加固杆(2 根)、竖杆(2 根)、横杆(4 根)、防摆杆(2 根)和弧杆(2 根)组成。

(一)推进器操纵杆和推进器转轴

由同一根圆钢弯曲而成,互成 90°的角,角端为推进器转轴的 B 端,另一端为推进器转轴的 A 端。

(二)定位环(2 只)

两只焊牢的定位环之间的距离,为池顶上清渣器 a、b 支架之间的距离。

(三)竖杆加固杆(2 根)

防止竖杆脱焊。

(四)竖杆(2 根)

竖杆(2 根)、弧杆(2 根)和横杆第四根,可以连体,由同一根钢筋弯曲而成。

(五)横杆(4 根)

横杆第一根、第二根,既连接两根竖杆和两根防摆杆,横杆第一根又是曲杆的终止杆。横杆第三、第四根,连接弧杆。

(六)弧杆(2 根)

不能过于平坦,也不能过于弯曲。过于平坦时,弧杆最大限度地深入副池后,如果此时副池的液位较高,搜索器搜索浮渣的范围有限,清浮渣的效率很低,甚至不能清浮渣。清渣器是以推进器转轴的横断面为圆心,以竖杆的长度为半径,在水压间与副池之间来回旋转的一个旋转器。因此,弧杆过于弯曲时,清渣器将无法通过沼肥通道口深入副池清沼渣。

弧杆的制作方法：将两只定位转动环套在连体钢筋的中点，暂时绑紧，防止弯曲钢筋时定位转动环进入弧杆或竖杆位置；用钢管扳子、修自行车矫正蹬脚杆的扳子或大树丫，首先进行直杆弯曲，把弧杆也当做直杆弯曲；然后进行弧杆弯曲，这样弯曲的弧杆，弧度一致，方位一致。

三、搜索器的结构

搜索器由搜索器操纵杆、搜索器转轴、隔离杆环（2 根）、曲杆加固杆（2 根）、曲杆、定位转动环（2 只）和搜索筐组成。

（一）搜索器操纵杆和搜索器转轴

由同一根钢筋弯曲而成，互成 90°的角。推进器操纵杆和搜索器操纵杆均较长，操纵省力。搜索筐打开以后，等于两根操纵杆的长度直接相加，操纵更省力。

（二）隔离杆环（2 根）

将推进器操纵杆和搜索器操纵杆隔离，使两根操纵杆不会碰面卡手，又起定位作用，防止曲杆左右移动。

（三）定位转动环（2 只）

定位转动环（2 只）和曲杆终端转动环、3 只螺帽，受力都很大，要求转动灵活，3 只螺帽的内径均比钢筋直径大 2 毫米，用绑条包住螺帽再焊牢在钢筋上。

（四）搜 索 筐

由筐沿和筐底组成。筐沿又有水平沿和垂直沿之分。水平沿由同一根钢筋弯曲而成，水平沿位于四根短钢筋组成的垂直沿之上。筐底在筐沿之下。筐底超出筐沿向前伸并向下折，产生力偶。“向下折”中间的两根竖杆，对曲杆进行定位，“向下折”也因此不易脱焊，不易变形。隔离杆环、防摆杆和“向下折”中间的两根竖杆，对曲杆上、中、下三处定位，防止较长又曲的曲杆左右摆动。

(五)网兜(图中未画出)

网兜用塑料或金属纱窗，滤掉沼液，兜住沼渣。网目的大小要合适，太稀了将会漏渣；太密了沼液不能漏掉，清渣时沼液横流，沼渣借沼液横流之际，从网兜内横流出去，清渣效率低。网兜用小尼龙绳绑扎，绑扎在水平沿、垂直沿、筐底和筐底的横杆上，但不能绑扎在第四横杆上，因为搜索筐是绕第四横杆转动的，一旦绑错，立刻拉破。

四、清渣器的安装

用户站在清渣台上，将推进器转轴的 A 端插入 a 支架的方圆环内，B 端搁在 b 支架的横杆上，调整双脚圈，使“双脚”横跨在推进器转轴上，拧紧螺帽。推进器转轴在清渣器支架上只能转动而不能上下、前后、左右移动。有关清渣器支架，请回顾第三章第九节。安装完毕后，沼气技术员或用户深入池内，站在主、副池通道口，观察清渣器的运转情况，清渣器如果擦墙、擦底、擦内踏步，找出原因，及时矫正。

五、池顶的安全设施

在沼肥通道口墙的顶板上面顺砌 4 皮砖：第一皮砖，清渣器清渣时溢出的沼液不会流回水压间，只能沿第一皮砖经厕所内的暗管或明槽流入进料管，从第二皮砖开始，预留 3 条各 3 厘米宽的窄缝，作为清渣器竖杆(2 根)和曲杆工作时的通道，这四皮砖不让倒在副池顶上的沼渣滚回水压间，用户也不会从副池顶上滑入水压间，起了一个安全保护作用。顶板上面应建厕所，不建厕所时，应在隔墙的顶板上面砌几皮砖，使用户不能站在池顶上捂、揭水压间的盖板，确保安全。沼气池建成后，进料管、水压间和储肥池都要及时做盖，以防人、畜、禽掉入池中淹溺。

钢筋混凝土盖板的制作：钢筋直径不小于 8 毫米，禁用 ϕ6 毫米钢筋（经店家的切断机调直、拉伸以后，其直径远远小于 6 毫米，抗拉强度低，还容易锈断）；盖板要设置“Ω”形拉手，“Ω”形钢筋的两端应置于混凝土钢筋之下；盖板可多做几块，每块不要太宽太厚太重，比标砖稍厚就行；混凝土的标号也不能太低，注意浇水养护，防止混凝土“烧坏”、而诱发事故。

第三节　抽肥器、冲洗器与厕所

一、抽肥器和冲洗器的结构

抽肥器和冲洗器还是传统的唧筒式，均用外径 12 厘米的 PVC 塑料管，管的顶端各套一只三通管，管内均有上、下移动的钢筋拉杆及活塞。钢筋拉杆的上端弯成圆形或椭圆形手柄，下端的螺杆上，套有直径与管内径稍大 1～2 毫米的圆饼形实心橡皮和与管内径相同的圆饼形空心塑料环，橡皮是软的，套入时是强行压入的，橡皮在管内时刻与管壁紧密接触无缝隙，橡皮和塑料环构成活塞，活塞被两端的垫圈和螺帽夹住拧紧，如图 4-3 所示。抽肥器和冲洗器结构一样，用途不同。冲洗器离管底 20 厘米处加开一只侧面进料孔，孔长 12 厘米，宽 6 厘米，当冲洗器坐落在抽肥器上时，可以从侧面进料，参见图 3-1。政府补助给建池用户的实物中，有一根外径 12 厘米、长 4 米的 PVC 塑料管，配两套圆饼形实心橡皮、空心塑料环、垫圈、螺帽和两根一长一短的钢筋拉杆，长拉杆用于抽肥器，短拉杆用于冲洗器。

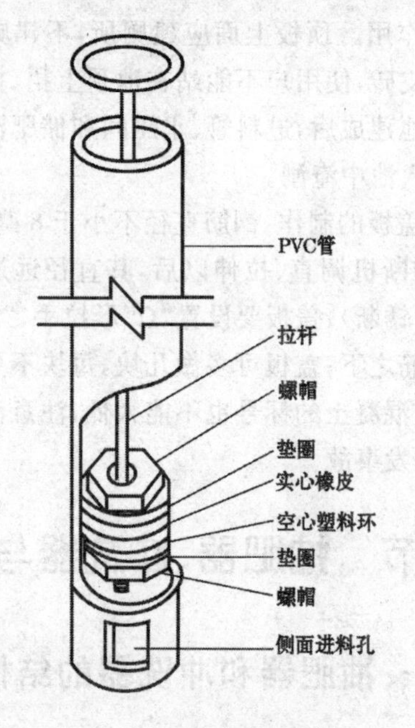

图 4-3 抽肥器示意图

二、抽肥器和冲洗器的工作原理

手握钢筋拉杆手柄，将钢筋拉杆往下推，活塞未接触到沼肥时，活塞以下的空气被压缩，体积缩小，压强增大，增大到超过大气压时，超过大气压的空气克服大气压的阻力，经空心塑料环的空心将橡皮往上鼓，橡皮被鼓起，超过大气压的空气从管内跑了出来。当拉杆往上拉时，被鼓起的橡皮复位，将空心塑料环垫背，由于橡皮紧密接触管壁，外界的空气不能进入到活塞以下，因为是往上拉，活塞以下的空间越来越大，体积增大，压强减小，沼肥在大气压的作用下进入管内，管内液位上升。活塞接触到沼肥时，当拉杆往下推，推力将橡皮这个“单向开关”向上打开，沼肥乘虚而入，进入到橡皮上面；当拉杆往上拉，“单向开关”自动关闭，橡皮上面的沼肥被拉出管外,活塞下面的沼肥跟着活塞上升,进行补充,拉杆反复推拉,沼肥反复抽出。

三、抽肥器的安装

抽肥器的上端,可用编织袋或破布塞紧。抽肥器的下端,砌一个固定口固定。抽肥器是倾斜插入的,固定口应当是一个竖长横短的长方形口子,才能套住抽肥器,使之动弹不得。砌固定口时,距隔墙 16 厘米处,用 4 块标砖重叠,砌 4 皮眠砖,再在眠砖和隔墙上固定抽肥器下端的预留口之间,砌眠砖,覆盖抽肥器固定口,该眠砖一直砌到要安放沼肥通道口钢筋砼板为止,参见第三章第八节。值得注意的是,要给清渣器留足 65 厘米的净宽过道,不然,清渣器将会在抽肥器固定口上磕磕碰碰,甚至无法清渣。沼气池在不停产、不清池的情况下更换抽肥器:两手将抽肥器从抽肥器插入口插入,将抽肥器靠着隔墙,顺着内踏步,倾斜往下慢慢移动,使之进入固定口,在试抽过程中,抽肥器下端不摆动,方能确认被固定。

四、厕所的砌筑

三结合沼气池的厕所,建在沼气池的主池顶上。厕所平面图为五边形,五堵 12 墙分别砌在隔墙、主池池宽墙、进料管墙、主池池长墙和沼肥通道口墙延长线的主池顶上,参见图 3-2。厕所门安装在沼肥通道口墙延长线的墙上。为减轻墙体对沼气池的压力,墙高 2 米,在隔墙和进料管墙的厕所墙上,建两只 1 米见方的窗户,空气对流卫生好,屋顶为单列式,石棉瓦或窑瓦均可。

五、冲洗器的安装

有倾斜插入和垂直插入两种。

（一）倾斜插入

在隔墙之上的厕所墙上预留固定口时，直接用冲洗器测试，插至高于沼肥通道口上沿 15 厘米（垂直高度）处，倾斜度尽量的小，注意别让冲洗器下部挡了清渣器的道，影响清渣器的清渣。

（二）垂直插入

将 PVC 管锯成 3 段，用两个 90°的弯头涂塑胶连接，中间一段水平砌筑，其预留口砌筑在隔墙顶板上面。冲洗器下部，用编织袋或破布塞紧冲洗器插入口。冲洗器中部，其预留口用石灰砂浆或强度等级较低的水泥砂浆固定，为今后在不停产、不清池的情况下轻松更换冲洗器创造条件。冲洗器顶部，三通管的横端用管子与蹲便器连接，冲洗厕所的粪便经进料管进入发酵间。用户如果在池外建厕所，厕所应靠近进料管和水压间。

第四节　大中型全封闭沼气池的破壳搅拌机和清渣机

大、中型全封闭沼气池的破壳搅拌与清渣，使用 380 伏大功率、大口径污泥电动泵。电机作业，把人从繁重的体力劳动中解放出来，从而实现机械化、自动化、甚至全自动化。为与电机作业相匹配，应在占发酵间容积 90％的主池内增设两堵内墙，把主池分为 3 条迂回曲折的巷道。增设内墙的高度：在防爆阀与溢流管垂直高度的中间，不能与隔墙等高，当心将沼气堵塞在各条迂回曲折的巷道里，造成沼气时大时小、沼气发电机转速时快时慢的弊病。增设的内墙具有自动破壳的功能：内墙迂回之处的垂直墙棱，是垂直方向自动破壳的好手；发酵间的液位，经常在内墙墙面变化，当液位高于内墙墙面时，浮渣结壳的话，就是一个整壳，当液位低于内墙墙面时，整个浮渣壳被内墙墙面剖开，内墙的水平墙棱，是水平方向自动破壳的好手；倾料顶板是倾斜方向自动破壳的好手。为防顶板开裂坍塌，可以在增设的内墙上砌若干墩支撑。

一、破壳搅拌机

（一）破壳搅拌机的工作原理

破壳搅拌机从副池抽取沼液返回注入进料管，强有力的沼液居高临下，流速湍急，冲击发酵间的发酵料液，冲得浮渣壳支离破碎，冲得沉渣上下翻滚，掀起波澜，浮渣与沉渣混为一体，经主池迂回曲折的巷道回到副池，形成一个良性循环的运行状态。在副池或靠近副池的巷道里，浮渣重新浮出液面，沉渣慢慢沉淀池底，为电动清渣做好了准备。这就好比水坝下面完全没有河沙，河沙沉淀在离水坝较远的地方。在运行过程中，沼气菌种与新鲜原料充分接触，混合均匀，产气率进一步提高。

（二）破壳搅拌机的使用

破壳搅拌机的管头应尽量深入副池，循环运行的是发酵间的料液，水压间的沼液不参与互动，避免发酵原料流入水压间，造成浪费。在池内液位较低、液面分处各个巷道时使用破壳搅拌机，破壳搅拌效率高。破壳搅拌的时间：春、秋季，每天使用 1 次，每次 15 分钟左右；夏季结合清渣进行；冬季选择晴天，每 3～5 天使用 1 次，每次 10 分钟左右，如果每天使用，或每次使用的时间过长，将会降低池温，影响产气。

二、清渣机

（一）自动开关

清渣机分为清沉渣机和清浮渣机。清浮渣机比清沉渣机只多一个浮标，其他的完全相同。清沉渣机是抽掉水压间的沉渣，清浮渣机是抽掉副池的浮渣，每次抽取沼肥的额度仍以防爆阀取沼肥标志为准。电机作业速度很快，为防抽肥超额，必须另设一个自动开关与电源开关串联。

1. 自动开关的结构 自动开关由浮块、曲杆、固定框架、套筒、下绝缘板、绝缘柱、开关底板、开关顶板、上绝缘板和外罩等组成，如图 4-4 所示。

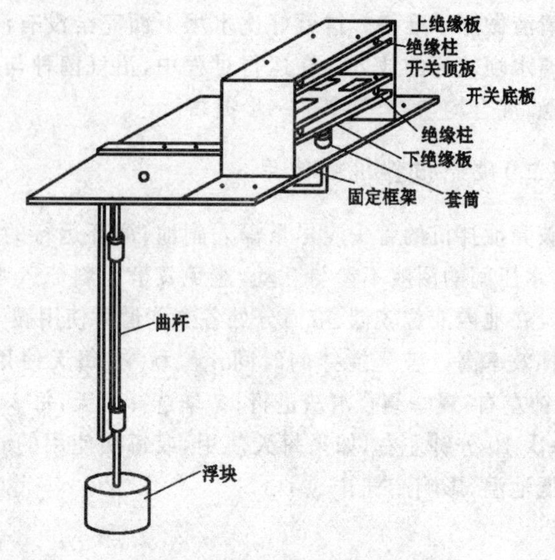

图 4-4 自动开关示意图

（1）浮块 浮块由泡沫等轻质材料内填充，外套硬质材料包装。浮块不触墙，与墙之间没有摩擦力，灵敏度高。浮块的负荷：浮块要承担曲杆、下绝缘板、绝缘柱、开关底板和浮块本身的重力；开关顶板铜片的弹力；曲杆与各套筒之间的摩擦力；分拆浮块的负荷时还应留有余力。浮块的负荷＝重力＋弹力＋摩擦力＋余力。重力可以直接称量，其他力不可能超过2千克，以2千克计算，据此推算浮块的体积。浮块的体积＝负荷/比重(以水的比重计算)。

(2)曲杆　曲杆将浮力从水压间内传递到水压间外；自动开关除浮块及曲杆和固定框架的下部以外，其他器件完全脱离了水压间，摆脱了水压间高湿气的侵袭，对电器部分尤其有利；在池外检修自动开关，安全、方便；盖水压间的安全盖板，不会压坏自动开关，有效地保护了自动开关。曲杆的安装：将曲杆顶端穿过套筒，焊上短扁钢，在短扁钢的两端，对着下绝缘板各钻一孔，用螺丝、螺帽固定，螺丝、螺帽不接触开关底板。如果不焊短扁钢直接将曲杆顶端固定在下绝缘板上，当固定螺丝松动以后，开关底板转动移位，造成开关失灵、电源短路，酿成事故。将曲杆底端套上两个待焊的螺帽后再固定在浮块上。曲杆只有上、下5厘米的活动范围。

(3)固定框架　固定框架由下固杆、中固板、上固架三部分组成。下固杆为一扁钢，给曲杆下端定位的两只套筒焊在下固杆的下端。下固杆的上端弯曲以后，用3只螺丝固定在中固板上，不用螺帽，直接在中固板上车丝。中固板是一块较厚的平面钢板，固定在水压间墙上的两只地脚螺丝上。上固架是一只"Ω"形绝缘塑料板架，左右两边分别用两只螺丝固定在中固板上。

(4)套筒　给曲杆上端定位的套筒焊在中固板上。经常给套筒加润滑油，防锈，润滑，减少摩擦力。

(5)上、下绝缘板、开关顶板、开关底板和绝缘柱　上、下绝缘板完全一模一样。开关顶板和开关底板均为绝缘印刷电路板，分别镶嵌3块翘起铜片和平面铜片，它们相互对应，构成电极，铜片既厚又宽又长，导电能力强。开关顶板和上绝缘板、开关底板和下绝缘板，分别用 4 根绝缘柱连接，确保用电安全。

2. 自动开关的工作原理 当水压间液位降至防爆阀时，浮块随液位下降，浮块、曲杆、下绝缘板、绝缘柱和开关底板的重力，使开关底板下移，离开开关顶板，电极断开，电源切断，污泥电动泵停机，自动开关达到了自动停机的目的。用户听不到机器轰鸣声，应当断开电源开关，防止液位涨至自动开关闭合时又自动开机，液位又下降后又自动停机，没完没了，损坏电机。

3. 自动开关的安装 自动开关安装在水压间外墙墙面上，在砌水压间外墙时装好自动开关的地脚螺丝。自动开关应加盖外罩，防尘防湿。

（二）浮　标

1. 浮标的结构 沼气池完全使用青绿发酵原料，一些浸不烂、沤不断的干草、干秸秆等混杂其中，长度较长，有缠住、损坏污泥电动泵的可能。为此需要一台切碎机，将其切断，搅碎浮渣壳。为了这台切碎机，必须要有一个浮标。浮标由软管、框架、浮圈、软管套筒、浮块、固定环和切碎机等组成，如图 4-5 所示。

(1)软管与软管套筒　由清浮渣机接过来的软管，用软管套筒固定。软管套筒就是在一段垂直套筒上水平焊接一圆环，套筒上有几条凹槽，软管套在套筒上，用铜丝在凹槽处扎紧，软管不会滑脱。软管套筒置于框架的中心顶环和固定环之间。

(2)框架　框架由正方形、对角线、中心顶环、连接杆和底环组成。正方形由圆钢弯曲而成，边长为副池宽度的一半或更宽，四角弯成弧形，防止尖角在切碎机工作时频繁颤动或破壳搅拌机工作时掀起的波澜频繁撞墙而戳伤池墙。中心顶环将两条扁钢（便于钻孔）对角线分为 4 段，分别焊接。4 根连接杆的顶端弯曲以后，分别焊接在四角对角线的下面，顶端弯曲的目的是省掉加固杆，4 根连接杆的底端弯钩以后钩住底环再焊接。由于框架较长、较宽、

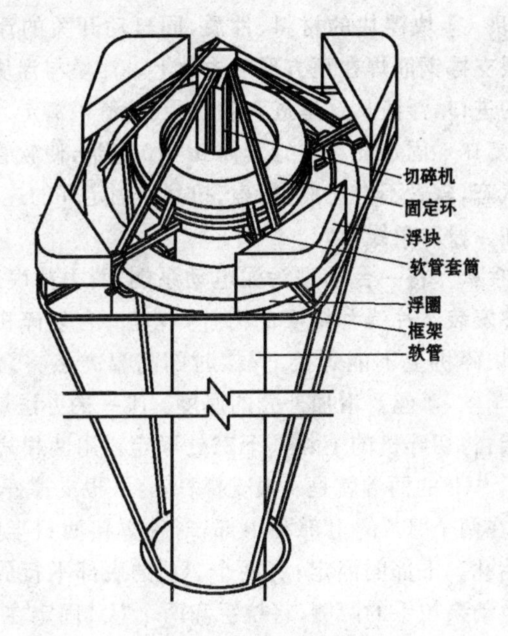

图 4-5　浮标示意图

较重，切碎机工作时，框架不会跟着切碎机转动，不会缠绕切碎机电源电线和浮圈的气管。破壳搅拌机工作掀起的波澜，使浮标靠边，正方形总有一方靠墙，浮标不会转圈圈、不会侧翻，更不会倒立，永远自动定位。

(3)浮圈　浮圈像个救生圈，用气管连接，浮圈的气门芯移至气管终端，在池外充气和放气有利于清浮渣机的安装和拆卸。不能用泡沫等轻质材料代替浮圈，虽然浮力也很大，一旦切碎机出现故障，在不停产、不清池的情况下，要将浮标从副池拉出来非常困难，甚至拉断了软管、气管和切碎机的电线，还是拉不出来。浮圈从框架底下垂直塞入，水平摆正，由对角线下面的四个圆环固定，每个圆环由两个半圆环和螺丝、螺帽构成。

(4)浮块　4块浮块的材料、性质,同自动开关的浮块。每块浮块用3根支撑钢筋焊在正方形的边角上。浮块与浮块之间的缺口是浮渣的进口,浮渣从这里进入软管,被清渣机清走。

(5)固定环　固定环离软管套筒5～10毫米,使软管随时可以调整自身状态,软管不会扭曲、扭扁、扭裂。固定环的连杆用螺丝、螺帽固定在4段对角线上。

(6)切碎机　将一台小型污泥电动泵倒立,去掉底部外壳,在转轴上对称安装2片锋利结实的刀片,就是一台切碎机。切碎机的固定:在切碎机上不能焊接,焊接时的高温高热将会损坏切碎机;也不能车丝,车丝要增加外壳的厚度。唯一的办法是做一只切碎机固定架:将切碎机的上、中、下三处固定。用两根扁钢弯成两个"U",两个"U"的两端就是4根支撑杆,将4根支撑杆向下弯曲,终端钻孔;在两个"U"的上部和中部,对称焊接两只半圆环,半圆环的终端钻孔。下部的固定:将两个"U"的底部平行放置于倒立小型污泥电动泵拉手的两侧,将拉手和两个"U"固定在一起,不能用绑扎法,绑扎头在切碎机的工作过程中将会自动震松、震散,只能用夹片钻孔,用螺丝、螺帽固定。下部的固定主要是防止切碎机在工作时泵体随叶片一起自转或泵体往上挣脱固定架。中部和上部的固定:分别将对称的两组半圆环用螺丝、螺帽拧紧,把切碎机紧紧地定在固定架上。然后将固定架的4根支撑杆用螺丝、螺帽固定在框架的4段对角线上。切碎机用螺丝、螺帽固定,都要使用一口翘起弹性垫圈,防止松脱。将切碎机的电源电线绑扎在切碎机的一根支撑杆上,再从浮圈内穿过,电线不被污泥电动泵吸入。在框架底环上,较紧绑扎电线,较松绑扎气管,气管不扁方能过气。绑扎用铜丝或镀塑铜导线,铜丝不像铝丝较脆,不像铁丝易锈断。

2. 浮标的试验　浮标应在水压间试验成功以后,才能移入副池清浮渣。试验时,当浮圈浮于液面,浮圈将会阻止浮渣的进入,若浮力过大,应换小一点的浮圈,或将原浮圈放掉一部分气;当浮块完全淹没在液面以下，切碎机被埋没。浮力过小，应换大一点的浮圈，或增加浮块的高度。试验的理想状态，应当能看到浮块或浮块小部分露出液面，切碎机的刀片没有脱离液面。

3. 浮标的安装　用板子钉成或钢筋焊成一辆平板小四轮车来安装浮标。将浮标卧放在小车上，切碎机朝前。整理顺池外部分的切碎机电线及浮圈气管。安装需要 3 个人，一个人拉绑在小车尾的长铁丝或长绳，另两个人各用一根长柄钩子或长柄锄耙钩住小车的两边，3 个人一起将小车水平放入水压间，徐徐推进沼肥通道口。用气筒给浮圈打气，在没有仪器的情况下，在水压间打几下气，在副池照样，充气以后，浮标由卧姿自动转为立姿，接着上浮，池外的电线和气管跟进，反应明显。最后拉长铁丝或长绳，将小车拖出。

4. 浮标的检测　浮标在副池内，切碎机是否正常，外界如何检测？

(1)观察电表　只开切碎机，关掉其他电器，老式电表的转盘应徐徐转动；新式电表工作一段时间后，百分位应有所增加。

(2)聆听声音　俯首帖耳于副池顶上，在寂静的夜晚，可能听到一点切碎机的轰鸣声或者是叶片划动液体的声音。

(3)观察清浮渣的效果　新沼气池的头 2 个月，浮渣较少，随着时间的推移，清浮渣机清出的浮渣也随之增多。如果清出的浮渣不是在增多甚至还在减少，基本上可以断定切碎机出了故障。切碎机的刀片，固定时加用开口弹性垫圈，不易脱落。切碎机是倒立的小型污泥电动泵，其进口立起悬空，根本不与浮渣接触，切碎机本身被浮渣堵塞卡死转不动的可能性极小。切碎机的损坏主要在电路部分。

(4)检测电路　最简单的办法是在电源插座正常的情况下，插入切碎机电源插头时，观看有无火花，有较大火花，火花随着插头的插入而消失，切碎机基本正常，反之没有火花，可能是接触不良，或切碎机及其线路有断路性故障；火花很大，火花随着插头的插入并不消失，说明有短路性故障，赶快把插头拔掉。这种方法只是一个粗略的估计，精确度不高。

(5)检测电压降　切碎机的功率很小，切碎机工作与否，在电网上检测，电压变化不明显。将几只大功率小阻值电阻并联，并联以后的总阻值在1～2欧姆，将并联电阻串联在切碎机电路中，切碎机工作时，切碎机两端的电压应明显低于电网电压。其实，可以不要万用表，让切碎机在串、并联电阻电路工作几分钟，断开电源，手摸并联电阻，没有一只电阻是发热的，切碎机线圈或电线已断；几只电阻均很热、烫手，再闭合电闸观察，闸内火花迸射不止，说明切碎机线圈或导线有短路现象，拉出来维修。切碎机的电容容量是否减小，检测电压降也很难判断，行之有效的办法还是观察清浮渣的效果。浮标从副池拉出来检修的过程与安装的过程相反。

三、大中型全封闭沼气池的破壳搅拌与清渣操作

清浮渣机和清沉渣机除外界需要沼肥以外，定期清渣的次数与时间，同破壳搅拌机。清渣结合破壳搅拌，在电力充足的情况下，破壳搅拌机开5分钟以后，再开清浮渣机和清沉渣机，三机同用。在电力不足的情况下，破壳搅拌机停机以后开清浮渣机，清浮渣机是先开切碎机，后开污泥电动泵，清浮渣机停机以后再开清沉渣机。电力足与不足，行之有效的快速检验办法是开灯，即开了大功率破壳搅拌机以后开一盏灯，再开清浮渣机或开清沉渣机时灯光明显暗淡下去，较正常使用时相差甚远，说明电压严重偏低；听机器轰鸣声也能判断出来，电机转速较慢，所发出来的声音较正常时存在明显差异。电压严重偏低，将会损坏污泥电动泵，不能两机同用，更不能三机同用。三种电机的吸程和扬程极小，负荷极轻，机械效率高，机械使用寿命长。

第五节　输气通道

沼气从导气管导出到进入沼气器具之前的这一段通道称为输气通道。输气通道包括输气管、开关、三通、弯头、凝水器和调控净化器，如图 4-6 所示。

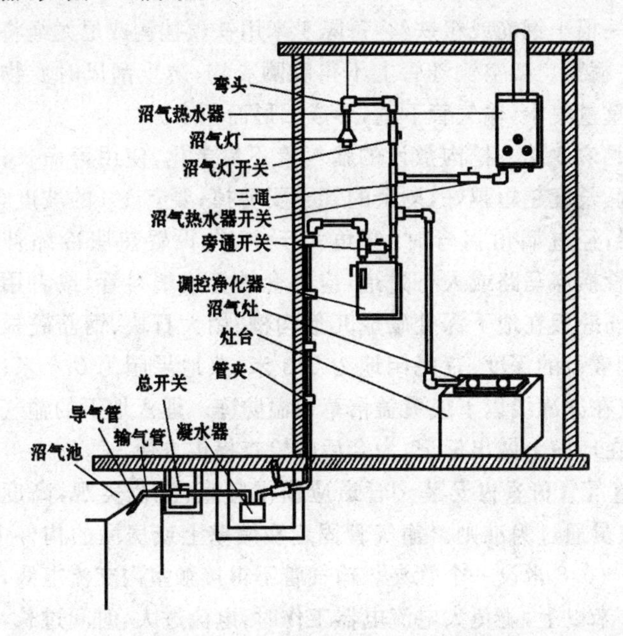

图 4-6　沼气系统安装示意图

一、输气管、开关、三通和弯头

(一)输 气 管

输气管有硬管和软管之分。硬管质硬壁厚，平整美观，接头粘接牢固，气密性好，压力损失小，输气畅通，防虫蛀、鼠咬性能强，使用寿命长。硬管内径一般为15毫米。软管内径不小于12毫米。输气管不能使用再生塑料管。

1. 输气管的室外安装 有架空方式和挖沟方式两种。

(1)*架空方式* 混凝土地坪或池塘等宜架空。架空高度不得低于2.5米。架空的长度较长时，应像拉电缆一样，在输气管上方，拉紧一根小钢筋或粗铁丝，每隔1米用铁丝挂钩或尼龙绳将输气管钩住箍紧。架空输气管上不得晾晒衣物，防止刮风时衣物聚到一块，重量集中，输气管下垂，形成凹形而积水。

(2)*挖沟方式* 挖沟敷设的输气管不易老化，使用寿命长；布局要合理，长度越短越好，剩余的管子要剪掉；要有1%的坡度，坡向凝水器；经过墙角拐弯时，弯角大于120°，设置热胀冷缩伸缩节；输气管横穿马路或人行过道，应外套铁管或塑料管，或者用大石块、钢筋砼板在地下深处砌成⺇形沟槽、用大石块、钢筋砼板覆盖。挖沟敷设的深度：荒芜闲地为0.3米，菜地果园为0.6米，寒冷地区应在冰冻线以下或覆盖秸草保温防冻。埋入地下的输气管接头，要在地面上做出标记，为今后的检查提供方便。

2. 输气管的室内安装 管道应横平竖直，规范美观，高度以不影响人员通过为准则。输气管固定在墙壁上或房屋的构件上，每隔0.5～0.8米设一个管夹。输气管不得接触室内交流电线，应相距0.2米以上，避免大电流电器工作时，电流过大，时间过长，电线发热，损坏输气管，诱发事故。

3. 输气管的连接 硬管的连接：硬管一般采用承插式胶粘连接，胶粘前，检查硬管和外套管件，承插是否配套，如插入困难，可先把外套管件的端部在沸水中泡软，使承口胀大，不得使用锉刀或砂纸加工承接表面，或用明火烘烤，涂敷塑用胶水的表面必须清洁、干燥；塑胶一般用漆刷或毛笔顺次均匀涂抹，先涂管件承口内壁，后涂插口外表，一经涂抹，迅速承插连接，插入时切忌转动，插入后以承口端面四周有少量塑胶溢出为佳，承插温度在5℃以上时，需10分钟以后才许移动。现在厂家生产的一种沼气专用硬管，连接处使用接头，将接头内的橡胶圈套在硬管上，扭紧接头上的螺丝即可，非常简单，方便实用，防漏性能好。凝水器安装在输气管的最低处。软管的连接：软管与软管的连接是内套一段大小适中、长度为5厘米左右的硬管，同时使用塑胶，外用铁丝缠绕两圈后再扭紧，如果只缠绕一圈，在铁丝两头的绞合处将有缝隙而漏气。雨天不得进行室外管道的连接。

（二）开关、三通和弯头

这些器件要和输气管配套，连接涂塑胶。开关用球阀。室外的总开关不得裸露，要挖一个小坑或用砖砌一个小坑，坑上加盖水泥板或大石块，防止日晒、雨淋、水浸和人畜踩坏。

二、凝水器

（一）凝水器的作用

沼气中或多或少混有一些水汽，水汽遇冷收缩凝成水珠，水珠在管内由高向低流，聚集在最低处，堵塞沼气进入沼气器具。有了凝水器，沼气可以在凝水器水面以上的空间中顺利通过。

（二）凝水器的安装

凝水器安装在输气管的最低处，用砖砌一个小坑。坑上面加盖板，防止日晒、雨淋、人畜践踏。

（三）凝水器的倒水

定期倒水，首先隔3个月倒一次水，发现3个月的水还很少，估计远远不足凝水器容积的一半，以后就可以4个月倒一次；发现

3个月的水很多，以后2个月倒一次。倒水时，关闭总开关；搬掉凝水器上面的盖板；将凝水器提上一点，拧掉凝水器底端的盖子倒水。

（四）不安装凝水器的沼气池

输气通道很短，倾斜坡度也符合要求，管道里的水能自动流入沼气池，这样的沼气池，可以不安装凝水器。

三、调控净化器

（一）调控净化器的作用

调控净化器集脱硫器和压力计于一身。脱硫器脱掉沼气中的硫化氢。压力计显示沼气气压。调控净化器开关未打开时，调控净化器显示的是沼气池内的沼气压力。调控净化器开关和灶具开关均打开时，调控净化器显示的是灶前沼气压力。

（二）调控净化器的安装

调控净化器的安装高度一般为1.4～1.5米。将调控净化器的底壳卸下来，把底壳靠在墙上做出标记，用枪钻在墙上标记处打孔；将塑料膨胀栓钉入打好的孔内；将木螺丝拧入塑料膨胀栓内，保证膨胀栓不能拔出，木螺丝帽沿高出墙壁5毫米；将调控净化器挂在木螺丝上，接通进、出气管，装上调控手柄旋钮，安装结束。

（三）脱硫剂的再生及更换

新脱硫剂使用6个月后（沼气中硫化氢含量特高则小于6个月），必须更换脱硫剂。更换时，首先关闭总开关，打开调控净化器外壳，将脱硫器连接的软管取下来，取出脱硫器，把取出的脱硫剂均匀疏松地摊放在平整、干净、背阳、通风的场地上，让其与空气充分接触，2～3天后，脱硫剂由灰黑色变成褐色，再装入脱硫器密封起来，可再使用4个月左右。氧化铁脱硫剂一般可反复使用3～4次。调控净化器一经使用，不得让空气进入其通道，进入空气太多时，调控净化器内将发生剧烈的再生反应，产生高热而烧坏脱硫器。因此，禁止直接在调控净化器中通入空气来进行脱硫剂的再生。现在厂家生产一种脱硫剂是从底端装入的调控净化器，更换脱硫剂无须打开调控净化器外壳，只要拧掉调控净化器底端的盖子就行。

第六节　沼气器具

以沼气灶、沼气灯和沼气热水器为例。

一、沼 气 灶

（一）沼气灶的结构

沼气灶有许多类型，基本结构大体相同，多数属于大气式燃烧器，主要由供气系统、燃烧系统、点火系统、控制系统及其他部件组成。供气系统包括输气通道和燃气阀门等。燃烧系统的燃烧器由喷嘴、调风板、引射器和头部等组成。点火系统主要指点火器，现在的沼气灶一般是脉冲点火或电子点火，脉冲灶安装电池，电子灶不用电池，两者的点火率都很高。控制系统主要指熄火安全保护装置，确保安全。其他部件即灶体外壳、锅支架等。

（二）沼气灶的工作原理

从沼气池出来的沼气，经导气管、输气管、总开关、凝水器、弯头和三通，进入调控净化器，脱硫净化后的沼气再经灶开关进入灶内。灶内沼气在一定的气压下，以一定的流速从喷嘴喷出，依靠沼气动能产生的引射作用，从一次空气口吸入一次空气，在引射器内沼气与一次空气充分混合，混合气体遇上点火器产生的火源燃烧，再与燃烧器头部火孔四周的部分空气（二次空气）混合，充分燃烧，加热灶锅支架上的炊用器皿。

（三）沼气灶的安全安装

沼气灶应安装在通风良好的厨房内，厨房净高不得低于2.2米。沼气灶距难燃或非燃顶棚不少于1米，距较易燃木质瓦屋顶棚1.5米以上，易燃茅草、油毛毡和塑料厚膜等不能作厨房顶棚。沼气灶距对面墙应有1米以上的通道，距背面墙不小于0.1米，距侧面墙不小于0.25米。如果墙面为易燃材料时，必须设隔热防火层。厨房内必须有固定灶台，灶台长、宽、高分别为1米、0.5米和0.65米，灶台砖砌，水泥砂浆粉刷，瓷砖贴面，地面硬化，墙面刷白，卫生美观。安装后，沼气灶开关应处于关闭状态。

二、沼 气 灯

沼气灯具有省气、亮度大、造价低、使用方便的优点。沼气灯有吊灯和台灯两种，有高压灯和低压灯之分，功率有60瓦、45瓦和30瓦等几种。各种沼气灯的结构大同小异，均由喷嘴、引射器、一次空气进风孔（风门）、泥头、纱罩、玻璃灯罩和反光罩等组成。

（一）沼气灯的工作原理

沼气从喷嘴以较高的压力喷出，引射了燃烧所需要的全部空气，在混合管内进行充分的混合，从泥头上的许多小孔流出，遇火燃烧，燃烧时可见极短清晰的蓝色火焰，泥头上套有预先浸有硝酸钍溶液的纱罩，纱罩在高温下氧化成氧化钍，产生强烈的白光。

(二)沼气灯的安全安装

对新购的灯具,应检查灯具内有无灰尘、污垢堵塞喷嘴及泥头火孔。安装时,必须在沼气灯的输气通道上安装一只球阀,以控制沼气的大小,灯光的强弱,球阀离地面1.5米,伸手可以开关,方便实用。屋内沼气吊灯距地面的悬吊高度以1.9米为好,距树皮、竹瓦、油毛毡等易燃顶棚、电线和输气管的高度应大于1米,距木屋架0.75米以上。塑料大棚内沼气灯的吊挂高度没有严格的要求,以不烧伤塑料薄膜、农作物和便于日常操作为前提。沼气灯的燃烧虽是无焰燃烧,但燃烧时还是会产生大量的热量的,注意防火安全。安装完后关闭沼气灯开关。

三、沼气热水器

(一)沼气热水器的优点

大多数农民用上了自来水,山区农民用塑料硬管(1吋管或六分管)直接接势能较高的山水,丘陵地带和平原地区农民在自己的庭院里掘井,用水泵抽水,山水和井水均应消毒处理。全封闭沼气池的问世和自来水问题的解决,农民使用沼气热水器的愿望终于实现了。沼气热水器最大的优点是价廉物美,操作简便,热能利用率高,热水温度调节灵敏,快速稳当,即开即热,不间断提供热水。

(二)沼气热水器的结构

沼气热水器一般为水动式,主要由燃烧系统、加热系统和控制系统组成,即由电磁阀、气量调节阀、水-气联动装置、水量调节阀、点火控制器、点火针、燃烧器、燃烧室、换热器、遮焰板等组成。

(三)沼气热水器的工作原理

脱硫净化后的沼气进入热水器后,经电磁阀、气量调节阀、水-气联动装置进入燃烧器,在燃烧器火孔处,沼气被脉冲放电点燃,形成稳定的火焰,与此同时,空气从通风孔进入,沼气和空气中的氧气在燃烧室充分燃烧,燃烧生成的高温烟气流向换热器,换热器将热量传递给经水-气联动装置和水量调节阀而来的自来水,产出热水,烟气温度下降,最后由排烟口排出室外。沼气热水器从点火状态到进入正常工作状态的整个过程是全自动控制过程。一旦出现意外故障,沼气热水器将会在极短的时间内自动停止工作,立刻切断沼气通路,避免事故的发生。

(四)沼气热水器的安全安装

用户选购热水器,认准是沼气热水器,其他燃气热水器不能当做沼气热水器来使用。为了安全、安装和维修,应在输气通道上安装一只沼气热水器专用开关。沼气热水器不能安装在浴室内,应安装在通风良好的房间或不小于 1 米宽的过道内。沼气热水器距非燃屋顶 0.6 米以上;距两侧 0.3 米以上;距地面 1.7 米以上;距可燃物(非易燃物)、电器、电线 1 米以上。在可燃或难燃的墙壁上安装热水器时,应采取有效的防火隔热措施。在非燃耐热的砖墙面上安装热水器:用枪钻打孔;打入膨胀螺栓;拧紧木螺丝;安装排烟管。安装后,沼气热水器专用开关应置于关闭状态。

第五章　全封闭沼气池的操作技术

第一节　沼气池整体质量的检验

沼气池在进料启动前，一定要按照《户用沼气池质量检查验收规范》的要求试水、试气。

一、直观检查法

池体内外应无蜂窝、麻面、裂纹、沙眼和气泡干瘪后的气孔，无目视可见的明显缺陷，粉刷层不得有空鼓或脱落现象，导气管无松动迹象。

二、水试检查法

向池内灌水，灌与拌和水相同的水或带微碱性的水，水封闭沼肥通道口上沿 20 厘米以后，停止灌水，标记水位线。观察 12 小时，水位无明显变化，表明水封以下池体不漏水。如果水位明显下降，降至一定位置后不再继续下降，再标水位线，第二条水位线上有漏水之处，两条水位线之间也可能还有漏水之处，要慎重检查。砖墙沼气池，检查池墙是否漏水特别方便，一目了然，灌水后，外墙外壁某处出现湿润，湿润范围不断扩大，说明此处漏水。确定水封以下池体不漏水之后，进行试压：打开总开关，关闭其他所有开关和防爆阀，继续灌水，调控净化器显示最大工作气压时停止灌水，稳压观察 24 小时，当气压表下降数值小于设计工作气压的 3%时，确认沼气池不漏气，输气通道也正常。

三、气试检查法

气试检查法尤其适合水资源紧张的地方。确认水封以下池体不漏水后，将高压气筒接一根管子，管的另一端置于发酵间，向池内充气，当调控净化器显示最大工作气压时停止充气，稳压观察24小时，气压表下降数值小于设计工作气压的3%时，可确认该沼气池和输气通道的抗渗性能符合要求。

四、输气通道的检查

在水试检查法和气试检查法稳压观察期间检查：打开旁通开关，检查导气管至各沼气器具之间的整个输气通道，发现气压下降时，在各个接头上涂抹肥皂水，有气泡冒出，说明漏气，须关闭总开关，将漏气的接头拔出，涂塑胶重新接过，过20分钟塑胶干后再打开总开关，继续检查其他接头，继续稳压观察。严禁用高压气筒直接向输气通道打气的方法来检验输气通道。

第二节　沼气池的启动和运转

一、沼气池的启动

(一)发酵原料的准备

全封闭沼气池虽然可以完全使用青绿发酵原料，但启动时不能用，只能在启动以后逐渐过渡，在运转阶段完全使用。为了保证沼气池的正常启动，必须准备好充足的发酵原料。发酵原料的碳氮比(C∶N)为20～30∶1。富氮原料分解产气速度快，但贮能量少；富碳原料分解产气速度慢，但贮能量大。启动尽量利用粪便原料，启动快，产气好。选择有机营养适合的牛粪、猪粪、羊粪或马粪作启动的发酵原料，这些粪便颗粒较细，含有较多的低分子化合物，氮素含量高，其碳氮比都小于 25∶1，都在适宜的发酵碳氮比之内。不要单独用鸡粪或人粪作启动发酵原料，因为这些原料在沼气细菌少的情况下，料液容易酸化，发酵难以正常进行。

（二）接种物的筹集

沼气池启动应加入占原料量 30%以上的接种物。若接种物需要量大，可进行扩大培养。培养原料为风干粪、鲜人粪、鲜禽粪时，在入池前必须进行堆沤预处理，在堆沤过程中，发酵细菌大量生长繁殖，减缓酸化作用。堆沤方法：利用池外的混凝土场地或陈年老粪坑，将干粪、鲜人粪、鲜鸡粪等加水拌匀，用粪水、污水最好，加水量以料堆下部不出水为宜，料堆上加盖塑料薄膜，以便聚集热量和菌种的繁殖，气温在 15℃左右时堆沤 4 天，20℃以上堆沤 2～3 天。注意，不要在四结合模式内堆沤发酵原料，避免产生氨气使作物受害。

（三）启动浓度

沼气发酵需要的水分，可以预留“水试检查法”用过的一小部分水，大部分水要排掉。池内、外落差较大时，可用虹吸现象排水：取一根长度适宜的塑料管，直接将管子的一端插入池内水里，人站在池外最低处，口含管的另一端，用力一吸，水就从池内翻过池墙流出来了；用口吸不上来时，需要灌水，两个人将管子灌满水，各用手掌封住管的一端，一个人将管端置于池内水里，另一个人将管端置于池外最低处，两个人同时松手，池内的水就翻过池墙流出来了，一直流到池内管端进空气为止。发酵料液的启动浓度：南方各省，夏天以 6%合适，晚秋以 8%～10%为宜；北方各省，5～10 月份要求达到 10%。

(四)沼气池的启动

从向池内投入发酵原料和接种物开始,直到所产的沼气能够正常燃烧为止,这个过程叫沼气池的启动。选择气温较高的晴天,最好在20℃以上,将准备好的发酵原料或预处理的原料和接种物混合在一起,立即从进料管投入池内,第一次投料量(包括发酵原料、接种物和预留的水)应为池子容积的70%~80%,如果原料暂时不足,其最小投料量应封闭发酵间再高出沼肥通道口上沿20厘米;用长柄弯把锹从进料管插入,将发酵原料和接种物推向主池中间,再用破壳搅拌器搅匀;用pH试纸检查发酵料液酸碱度,pH值在6.8~7.6为正常,pH值在6左右,可加适量草木灰、氨水或澄清石灰水,调整到7左右;打开总开关,关闭其他开关,等待池内气压上升;当调控净化器上的气压上升到3千~4千帕时,开始放气,第一次排放的气体主要是二氧化碳和空气,甲烷含量很少,一般点不着;当气压再次上升到3千帕时,进行第二次放气,开始在灶具上试火,如果能点燃,说明沼气发酵已经正常启动,次日即可使用。

二、沼气池的运转

运转阶段的主要任务是维持沼气池的均衡产气,做好勤加料、勤破壳搅拌和勤清渣的“三勤”工作。

(一)勤 加 料

沼气池在启动后,头一个月产气最旺盛,第二个月产气量开始下降,第三个月产气量明显下降。产气旺则耗料多,产气量明显下降说明没多少料可耗了,因此,沼气池一般要在产气量没有明显下降之前加新料。非三结合沼气池,启动运转30天左右加新料,以后每隔5~6天加料一次,每次加料量占发酵料液量的3%~5%,如果加料的间隔时间短,比如2~3天加一次,其加料量也相应减少。三结合沼气池,从启动开始便可陆续向池内加料。加料的原则是出多少加多少,最好不要大进大出。

加青绿发酵原料。全封闭沼气池启动半个月后,发酵原料逐渐向青绿发酵原料过渡,开始时少用,以后逐渐增多,过渡时间为1～2个月,到最后,除自家的人粪尿和自给自足鸡、鸭、鹅的禽粪外,全部用青绿发酵原料。青绿原料,顾名思义,要青要绿,发黄、变黑、枯萎的野草、秸秆、牧草和蔬菜,其营养价值也随之下降,最好不要入池;也不要将叶少、硬茎很长的野草当作发酵原料来充数;更不要将各种畜禽不吃、不闻的有毒、有害植物混入到发酵原料中来。青绿发酵原料以叶厚、茎粗、汁多、脆嫩、畜禽爱吃的野草、树叶、牧草、菜类为上乘。使用青绿发酵原料要斩断铡短,最好使用价廉物美的小型切碎机,但要注意安全。野草、秸秆的长度控制在5厘米以下,长度过长,特别是茎类,外表很硬,对沼气菌来说,是一块骨头,沼气菌只有从斩断铡短的茎类两端进入,时间一长,茎类中间很长一段没有被利用就酸败变质浪费掉了,与此同时,过长的纤维彼此牵扯,相互搭桥,为清渣增添了难度。蔬菜的菜叶较嫩,纤维也较少,可以长一些,很嫩的蔬菜可以不斩不铡全株入池。使用青绿发酵原料,应适当加些尿素,增加氮的含量,防止碳、氮比失调。

(二)勤破壳搅拌和勤清渣

详见下面第三节和第四节。

第三节　沼气池的破壳搅拌

(一)破壳搅拌的时间

沼气池启动以后,产气量没有明显下降之前,就要开始破壳搅拌，可以是每天一次，也可以2天一次，冬季选择晴天，每3～5天破壳搅拌一次，每次破壳搅拌的时间约20分钟。总的要求是：气少、农闲勤破壳搅拌；气够、农忙寡破壳搅拌；播种和收割，争分夺秒抓季节，集中力量搞生产，用几分钟的时间突击几下，搅与不搅，大不相同。

（二）主池的破壳搅拌

分两步进行。

第一步，对主池的中下部进行搅拌。操纵者的左、右两手，分别握住破壳搅拌器的L、R两根操纵杆。左手将L下压至池底。右手将R上拉至拉不动为止，下压至池底为止，R反复上拉下压。L从一条直角边经过直角移到另一条直角边，R随之从一个锐角沿着斜边移到另一个锐角，最大范围地反复移动，最大幅度地反复上拉下压，参见图4-1。这一步，左手只有移动，右手既要移动，又要上拉下压，破壳的概率极小，基本上是搅拌。

第二步，对主池的中上部进行破壳搅拌。右手将R往上拉，拉至拉不动为止。左手将L往下压，压至不能再往下压为止。这时候，左手低，右手高，这个姿势一成不变，两手同时往下压，压至不能再往下压后又同时往上拉，拉至拉不动为止，两手同上同下，同起同落，L从一条直角边经过直角移到另一条直角边，R随之从一个锐角沿着斜边移到另一个锐角，最大范围地反复移动，最大幅度地反复上拉下压。这一步，左、右两手既要移动，又要上拉下压，破壳搅拌同时进行。

（三）副池的破壳搅拌

副池用清渣器破壳搅拌。打开搜索筐，将清渣器在副池内来回搅动，达到破壳搅拌的目的。

（四）更换破壳搅拌器的安全操作

在不停产、不清池的情况下更换破壳搅拌器，可在沼液不能从防爆阀里流出来时进行，每人必须腰缠安全带，安全带的另一端必须绑扎在墩（柱）上，防止滑入或跌入进料管内。在更换过程中，禁止用打火机、火柴等明火点烟或照明；气味很大时还要戴上口罩；有头晕不适情况时应加强通风或到空气新鲜的地方休息片刻，情况严重的应送医院就诊。

第四节　沼气池的清渣

（一）清渣的时间

沼气池启动以后，水压间的零散浮渣逐渐连成片时，发酵间已有一层浮渣和沉渣了，这个时候就要开始清渣了。在发酵池液位较低时清渣，清渣效率高。清渣时间，每月1～2次，每次需1小时左右。

（二）清渣的步骤

参见图4-2。

①揭掉储肥池、水压间的盖板。

②安装清渣器。请回顾第四章第二节。

③将清渣器深入副池。操纵者左、右两手分别握住搜索器操纵杆和推进器操纵杆的尾端，操纵比较省力，将两根操纵杆靠拢，靠至靠不动为止。两手将靠拢的两根操纵杆按逆时针方向旋转，转至转不动为止。

④打开搜索筐。右手维持现状不动，左手将搜索器操纵杆按顺时针方向旋转，转至转不动为止。在此过程中，搜索器转轴转

动，曲杆旋转，曲杆前端拉动“向下折”，曲杆后部推动筐底后沿，曲杆前拉后推，推拉并举，双向作用，搜索筐不能不翻转。搜索筐翻转180°左右，筐底朝上。搜索筐打开的过程，也就是清渣器搜索浮渣的过程。浮渣是时刻往上浮的，有搜索筐网兜罩着，进了搜索筐的浮渣是跑不掉的。

⑤清浮渣和清沉渣。两手将两根操纵杆按顺时针方向往回旋转，清渣器载着浮渣运转。在运转过程中，筐底的方位逐渐发生变化，由翻转后的朝上逐渐演变为与池墙平行。由于浮渣是时刻往上浮的，此时，搜索筐内的浮渣逐渐移向前沿，后沿空虚。当搜索筐接近池底时，空虚的后沿将沉渣推向水压间，沉渣被内踏步拦截，前挡后推，沉渣走投无路，被逼进入搜索筐。搜索筐前沿载着浮渣，后沿载着沉渣，满载而归。清渣器继续运转，接近副池池顶的时候，清渣器和沼渣的重心倾向于副池顶，清渣器的转速将会自行加快。此时，操作人员应朝相反的方向略施反力，控制清渣器的转速，当心转速太快清渣器砸到副池顶上，砸坏清渣器和沼气池顶板。清渣器到达副池顶，又是底朝天的搜索筐将沼渣自动倒在副池顶上。由此可见，用户利用清渣器在池外清渣，上清浮渣，下清沉渣，破壳、搅拌，一器四用，一气呵成。

⑥复位搜索筐。进入下一轮清渣，搜索筐还在副池顶上就要复位；不能在水压间复位，清渣器在水压间呈自然下垂状态时，翻转了的搜索筐已过了沼肥通道口，防止搜索筐复位往回打时，打在沼肥通道口墙上，打坏清渣器和沼肥通道口墙；也不能在副池内复位，防止搜索筐将浮渣往回搜，再打开搜索筐时，搜索筐将会扑空，清浮渣的效率低。

（三）主池的清渣

请回顾第二章第六节。

(四)清渣器的故障

1. 故障的判断 第一轮清渣,搜索筐不能完全打开,或清渣器接近池底的阻力较大,这不是故障,是浮渣或沉渣较厚的缘故。此时,不要使太大的劲,太大的劲将会损坏清渣器;搜索筐不能完全打开时,能打开多少打多少,打开多少复位多少,反复打开和复位,将浮渣打向四周,打出一条路来,然后按清渣步骤清渣;搜索筐接近池底阻力较大时,同样采用零打碎敲的办法,将清渣器前进一点又后退一点,反复前进和后退,将沉渣推向四周,推出一条路来,直至清渣器能够顺利通过为止。清渣器的故障,可凭感觉和视觉来判断。手感判断:清渣器擦墙、刮底或刮内踏步,阻力较大,手要用较大的力,清渣器才能勉强运转,甚至不能运转;擦、刮时费力,擦、刮前后轻松,对比鲜明。视觉判断:清渣器擦左墙时,两根操纵杆往右跳动;擦右墙时往左跳动;刮底或内踏步时往上跳动。视觉判断,要细心观察。

2. 故障的排除 清渣器产生故障的原因:焊点脱焊;钢筋腐蚀变形;弧杆过于平坦或过于弯曲;竖杆或弧杆偏向一边;搜索筐扭曲;清渣器支架变形、损坏等。只要找出原因,故障很快便能排除。

(五)沼气池外表的安全操作

沼气池的进料管和水压间,或多或少地有沼气冒出,用破壳搅拌器破壳搅拌或用清渣器清渣时,冒出池外的沼气更多。用户要教育小孩不要在沼气池上奔跑玩耍,当心踩断盖板掉下去,更不得在沼气池上或旁边燃放鞭炮、烟花等。用户也不得在沼气池附近吸烟、用明火照明或搞农业生产时放火烧田埂。

第五节 沼气池的抽肥

一、抽肥器的故障

在抽肥的起始阶段，有时候非常吃力，要用两只手来推，甚至拉杆都弯了还是推不进去。原因有三个：一是池内沉渣过多，沼肥过浓；二是更换后的圆饼形实心橡皮过厚、过硬、过大；三是管内有异物。

二、抽肥器故障的排除

①拉杆是长期浸在抽肥器里的，可将拉杆慢慢拉出来，确定是沉渣过多、沼肥过浓时，行之有效的办法是直接往抽肥器里倒水，稀释抽肥器里的沉渣，水满之后，将拉杆插入，小幅度地上下抽动，问题很快就能解决。这只是权宜之计，平常要稀释沼液浓度，往进料管加些污水或清水，使浓度达标；经常使用清渣器和抽肥器，减少沉渣的库存。

②更换圆饼形实心橡皮。选用废旧摩托内胎橡皮，剪成比抽肥器内径大1～2毫米的圆饼形，中间剪一个比拉杆稍小一点的圆孔。圆饼形摩托内胎不可能自然展平，总是卷向内面。我们正是要利用这个特点，安装时，将内胎内面朝手柄，内胎外面朝圆饼形空心塑料环。使用时，往下推，橡皮自动卷向内面，无须费力，减轻了劳动强度；往回抽，橡皮被迫展开成平面，将沼肥抽上来，抽肥效果特别的好，而且经久耐用。

③管内有异物，多为顽童往管内丢了石头、砖块等硬件。拿掉抽肥器插入口的塞紧物，将PVC管拉出，石头、砖块很可能跌落于抽肥口，可用长把锹将其推至内踏步底下，不影响抽肥和清渣就行。凡是用过以后将抽肥器拉杆收起来的，要用编织袋或破旧衣

服将抽肥器管口封住扎紧，免得顽童再次丢东西。编织袋或破旧衣服内加塑料薄膜，能防日晒雨淋、霜打冰冻，对 PVC 管和沼气池分别起到一定的保护和保温作用。

三、取沼肥的安全操作

从储肥池取沼肥：热天打开防爆阀期间，储肥池里的沼肥满至防爆阀时，应及时舀走，不然，沼肥淹没防爆阀，液位升高，导致防爆阀失效，沼气池危险。用抽肥器取沼肥：抽肥的额度是以取沼肥标志为准，否则，将有负压损坏沼气池的可能，将有回火引入沼气池引起燃烧、爆炸的可能，还有沼气从沼肥通道口窜出来使人中毒、窒息、遇火爆炸、燃烧，引起火灾的可能。破壳搅拌、清渣、取肥和浸种等结束以后，及时给进料管、水压间和储肥池加盖，确保安全。

四、进入沼气池的安全操作

当破壳搅拌器或清渣器损坏，跌落池中，打捞不上来，影响更新，或抽肥口损坏，抽肥器无法固定、抽肥，都必须停产清池。

停产清池的步骤如下。

①停产清池前几天就要停止进料。

②停产清池时，打开防爆阀、总开关、旁通开关和灶具开关，关闭调控净化器开关，让空气直接进入沼气池，保护调控净化器和沼气池。

③用抽肥器抽肥，抽至沼肥通道口裸露，沼气窜出来，用户闻到浓烈臭鸡蛋的硫化氢气味时，应迅速撤离现场，过几天再来继续抽肥清池。

④抽肥器抽不上沼肥后，也不能急于进入沼气池的原理是：沼气中的有毒气体硫化氢，浓度超过 0.02%时，可引起头痛、乏力、失明、胃肠道疾病等症状；当浓度超过 0.1%时，可很快致人死亡；

沼气中二氧化碳占25%～40%，高浓度的二氧化碳能使人的呼吸受到抑制，麻木死亡；如果人从新鲜空气环境里，突然进入氧气只占4%以下的环境里，40秒钟内就会失去知觉，随即痉挛，停止呼吸，而沼气池里几乎没有氧气；如果沼气池里有含磷的发酵原料，还会产生剧毒的磷化三氢气体，这种气体会使人立即死亡；残存的沼气比例占到池内空气的7%～26%时，一遇到火苗就会爆炸；全封闭沼气池是全封闭的，比空气轻一半的甲烷将会聚集在沼肥通道口以上，比空气重1.53倍的二氧化碳将会沉积在沼肥通道口以下。

⑤抽肥器抽不上沼肥后，让空气在进料管与沼肥通道口之间对流几天。改用电风扇强挡往进料口扇风，用编织袋或破布等将电风扇周围的空隙堵上，不让空气回流，将沼气扇出来，每扇2小时休息半小时，让电风扇冷却，保护电风扇，这样扇风1天以上。

⑥把鸡、鸭小动物放入发酵间，试验2小时以上，鸡、鸭完好无异常反应，用户再入池。

⑦入池系安全带：不得停电风扇，保障入池者有足够的氧气；不得使用打火机、火柴、油灯、蜡烛、电石灯等明火或吸烟，可用防爆电灯、电筒照明；不得无人守护，如果在池内工作时感到头昏、发闷，马上到池外呼吸新鲜空气，一旦发生危险，池上守护人员立即下池抢救，被救出的中毒病人，平放于空气新鲜处，解开上衣和裤带，做人工呼吸，较重中毒人员应送附近医院抢救；被沼气烧伤的人员，应迅速脱掉着火的衣服，或卧地打滚或跳入水中，或由他人采取各种办法进行灭火，却不能仓皇奔跑，助长火势。如在池内着火，要迅速关掉电风扇，从上往下泼水灭火，并尽快将人员救出池外，脱险后，先剪开被烧烂的衣服，用清水冲洗身上的污物，并用清洁衣服或被单裹住创面或全身，寒冷季节注意保暖，然后送医院急救。

农户不得轻率进入因发酵原料短缺而停用多年的沼气池，因为池内浮渣壳和沉渣下面还积存有一部分沼气，如果麻痹大意，不按操作规程办事，很可能发生事故。

第六节　沼气器具的使用与维护

一、使用沼气器具的安全规范

沼气器具由沼气技术员或专业人员按照便于操作和安全使用的原则规范安装和拆修。用户不得擅自安装、拆修或改装沼气器具，不得在设有输气通道和沼气器具的房间内住宿、烧火，存放易燃、易爆和有毒物品。用户要教育儿童不要玩弄沼气器具。有精神障碍和不具备独立操作沼气设施行为的人，严禁使用沼气。

(一)使用前的安全规范

每次使用沼气前，观察各沼气器具是否处于关闭状态，沼气灶被沸水或稀饭冒出自熄、沼气灯出现故障自熄或沼气热水器专用开关，最容易遗忘关闭这些开关，发现哪个开关没有关，沼气器具就不能点火，因为屋里可能已经散发了很多沼气，一遇上火苗就可能发生爆炸或火灾。此时，应迅速关闭被遗忘的开关，打开门窗，自然通风，人要迅速撤离，待沼气散尽后，调控净化器的沼气气压显示在工作区才能使用沼气器具。

(二)使用中的安全规范

用人工点火时，要先点着火柴、打火机等在一旁，然后打开沼气器具开关，如果先打开关后点火，等候时间一长，跟上述情况相仿。使用沼气器具，须打开门、窗，开启抽油烟机或排气扇，保持室内通风良好。一旦发现沼气器具损坏沼气泄露时，不得采用电风扇、油烟机排气，不得操作电器开关，更不能吸烟、使用明火，应立即关闭沼气总开关，打开门、窗，自然通风驱气后方可进屋维修或更换；中毒或火灾事故发生时，头脑要冷静，首先关掉气源，同时组织救人、救火。

（三）使用后的安全操作

停用沼气器具时，全面关闭沼气阀门，做到“人离、火熄、阀关严”。停用后，切忌用纸或纺织品等立即盖在滚烫的沼气器具上防尘。如长时间外出，必须关闭沼气总开关。

二、沼气灶的使用与维护

（一）沼气灶的安全使用

1. 接通气源 打开沼气总开关，将调控净化器开关手柄转至“开”的位置，调节灶前压力，与沼气灶的额定压力相近，以达到稳定点火和较高的热效率。

2. 点 火

（1）电子点火灶具 压下灶具开关旋钮，如图 5-1(a)，向左（逆时针方向）慢慢转动，如图 5-1(b)，听到“啪”声，点燃后放手。若没有点燃，可重复上述动作，直至点燃为止。

（2）脉冲点火灶具 打开脉冲电池盒，将 1# （双灶）或 5# （单灶）电池装入电池盒内，压下灶具开关旋钮，如图 5-1(a)，听到“吱吱”放电声，按逆时针方向缓慢转动旋钮，如图 5-1(b)，直至点燃，方可放手。

3. 火力调节 面板旋钮边曲线为火力指示，曲线最粗，火力最强（开关旋钮处于水平位置），如图 5-1(b)；曲线最细，火力最小（开关旋钮垂直向下），如图 5-1(c)。

4. 空气调节 左右拨动灶具底部的调风门手柄，如图 5-1(d)，调节一次空气量，使火焰呈蓝色且强劲有力，清晰稳定，不得

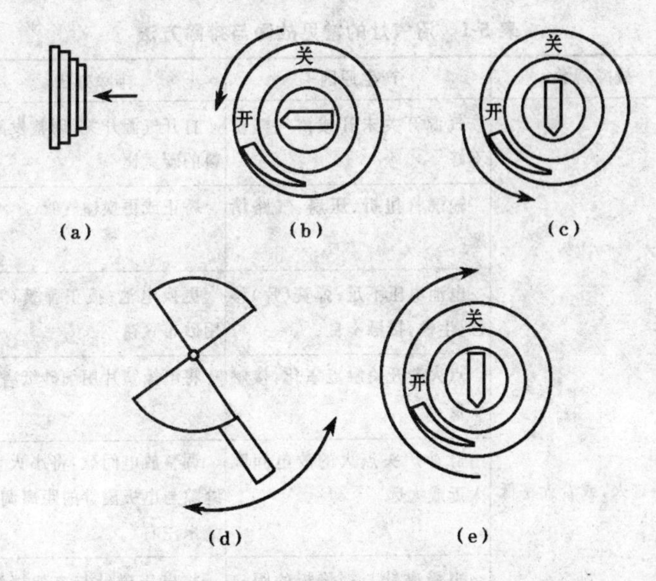

图 5-1　沼气灶的使用图示

离焰、脱火或回火,避免沼气向外泄漏,造成事故。

5. 熄火　将开关旋钮,按顺时针方向转至“关”位置,如图 5-1(e),便能熄火,同时关闭调控净化器开关。

(二)沼气灶的维护

灶具应保持清洁,最好用中性洗涤剂清洗并用柔软布擦抹。沼气灶的常见故障与排除方法见表 5-1。

表 5-1　沼气灶的常见故障与排除方法

故障现象	产生原因	排除方法
打不着火，或着火率低	气源开关未开或沼气气质不好	打开气源开关，调整发酵原料的碳氮比
	输气管扭折、压扁、气路堵塞	矫正或更换输气管
	电池电压不足；弹簧(片)移位、生锈，接触不良	更换电池；扳正弹簧(片)，用砂布除锈
	点火器开关触点氧化，接触不良	将电极簧片用细砂纸磨光
	脉冲炉头点火的放电间隙太近或太远	调整放电间隙，将小火盖的缝隙与电极磁针的距离调至4毫米左右
	电极磁针与挡焰板的距离不当	将电极磁针与支架挡焰板的距离调至4毫米左右
	电极挡焰板与火喷嘴轴线的倾角不对	用尖嘴钳调整支架上的挡板与点火喷嘴轴线的倾角为20°
	引火喷嘴堵塞	用小直径针疏通引火喷嘴
	沼气压力太高	用调控净化器开关调小灶前压力
气压较高，但火力不强	输气管堵塞，压折或漏气	检查输气管是否局部老化、变形、破损，及时更换
	喷嘴或阀体内通气孔局部堵塞	用细针疏通喷嘴，清通或更换阀体
火焰减弱，大小不均或有所波动	喷嘴堵塞，燃烧器堵塞；火盖火孔因腐蚀变小；输气管内有积水	清理喷嘴；清扫和冲洗燃烧器；清洁火孔；凝水器倒水

续表 5-1

故障现象	产生原因	排除方法
火焰微弱,喷嘴前出现火焰及噪声	燃烧器火孔过大,火孔过热;沼气压力低,引起回火	适当提高锅架高度,降低火孔温度;提高沼气压力
火焰短易吹脱	一次空气量太大	调小风门,关小至适当位置
火焰长而无力	一次空气量不足,炉头或火盖未装好	调节风门,开大至适当位置,将炉头、火盖放平
火焰摆动,有红黄闪光或黑烟	一次、二次空气不足,燃烧器堵塞	调节风门,加大喷嘴和燃烧器的距离,清扫和冲洗燃烧器
火焰过猛,燃烧声音大	一次空气过多或灶前沼气压力太大	关小调风板或灶前开关
漏气或异味	输气管老化、破损;各配件接头松动	更换输气管;用肥皂水逐一检查各配件接头

三、沼气灯的使用与维护

(一)沼气灯的安全使用

打开沼气总开关、调控净化器开关和沼气灯专用开关,然后点火。烧纱罩:要想纱罩形状烧得好,先要压力小,然后加大压力,使纱罩烧成球状,纱罩烧得圆而不歪,不仅照明效果好,对玻璃罩放出的热也是均匀的,不易损坏玻璃罩。纱罩烧好后,不能用手去摸或其他物体触击,一触即破,玻璃灯罩就是保护纱罩,不被蚊、蝇等撞击和风的袭击,最后装上玻璃罩。沼气灯亮度不够或有明火时,调节风门,边调边看,直到灯亮、无明火为止。在日常使用时,注意调节沼气灯专用开关,达到沼气灯的额定压力,如果超压使用,容易造成纱罩及玻璃罩的破裂。

(二)沼气灯的维护

沼气灯常见故障及排除方法:见表5-2。

表5-2 沼气灯的常见故障与排除方法

故障现象	产生原因	排除方法
气压虽高,但灯不亮无白光	纱罩质量不佳	更换好的纱罩
	调风孔的位置未调好;喷嘴孔径过小或堵塞	反复调试;清理喷嘴
灯光发红	气压不足;沼气与空气混合不均匀	提高沼气压力;减少一次空气,关小调风孔
灯光忽明忽暗	输气管内有积水;一次空气调节不当	倒掉凝水器里的积水;调节风门
灯光减弱	气压降低	提高气压
	喷嘴堵塞	用针或细钢丝疏通喷嘴
纱罩壳架外有明火	沼气量过大	关小沼气阀门
	一次空气不足;喷嘴孔不正	开大一次空气进风口(风门);更换喷嘴
纱罩破裂脱落	耐火泥头破碎,中间有火孔	更换新泥头
	沼气压力过高	控制灯前压力为额定压力
	纱罩未装好,点火时受碰	装上玻璃罩防止蚊、蝇扑撞
玻璃罩破裂	玻璃罩本身热稳定性不好	采用热稳定性好的玻璃罩
	纱罩破裂,高热烟气冲击	及时更换损坏的纱罩
	沼气压力过高	控制沼气灯的压力

四、沼气热水器的使用与维护

(一)沼气热水器的安全使用

1. 点火　装上电池,打开沼气总开关、调控净化器开关和沼气热水器专用开关。在浴室内打开热水球阀,由于沼气热水器水-气联动装置的作用,高压电脉冲火花会自动点火并发出连续“嗒、嗒”的响声,燃烧器自动点火后电火花停止,“嗒、嗒”声消失。第一次使用时,输气管内有空气,可能在10秒钟内不能点燃,重新打开,重新点火,如无异常,一般都能点火成功,并有热水流出。当水压偏低难以点火时,可适当调小水量,以获得较高的起动水压,便能成功点火。点火放电响声较小,且间隔时间较长,表明电池电量不足,检测电池的准确方法是用万用表,正常电压为1.5伏,低于1.2伏不能用在热水器里,在手电筒里还可以用一段时间,也可以用手电筒检测,手电筒亮度不足,表明电池电压偏低。质量合格的电池,约6个月更换一次,两节电池一起更换,切忌新旧搭配。

2. 调节水温　沼气热水器是装在浴室外的,所以在沐浴前,用户要根据室内气温,对沼气热水器面板上的“夏—冬”季节旋钮、“火力调节”旋钮和“水温调节”旋钮,做一个大概的调节。浴室内可对热水球阀做细微的调节,以获得需要的水温。使用沼气热水器,不要同时使用红外线辐射器或其他耗氧的取暖器,可采用不耗氧的电炉、远红外电取暖器。洗澡时间不宜太长,时间过长会过量耗氧,使人缺氧窒息,因此连续使用不得超过20分钟,若感到不适,应立即离开浴室,到空气新鲜的地方去休息。

3. 停用热水　暂停以后再次使用时,由于热水器内余热使水温升高,应避开所流出的高温热水,以免烫伤。使用后,关闭浴室内热水球阀,燃烧器自动熄火。关闭沼气热水器专用开关和调控净化器开关。

（二）沼气热水器的维护

经常检查沼气热水器连接沼气的软管及接头，有无龟裂、裂缝、扭曲或松动，察看排烟口处有无杂物堵塞，禁止在沼气热水器排烟口或供气口烘干毛巾、抹布等易燃物品。沼气燃烧后产生的水、二氧化碳及其他化学物质与空气中的尘埃混合，在热水器外壳产生酸性物质，对外壳产生腐蚀作用，一般每周应对外壳清洁一次：在未使用状态下，用软性湿布蘸少许中性洗洁精，轻轻擦拭，再用软性湿布擦净，干布擦干。安全过冬：室外沼气池，寒冬没有采用防冻保暖措施的，沼气可能只够炊用，满足不了沼气热水器的耗气需求。当沼气热水器长时间停用时，必须要将水源、气源关闭；打开防冻保护螺塞，将热水器内存的水排放干净；拆卸电池；用纸板、木板或其他东西将排烟口盖上，以免灰尘堵塞燃烧器而影响日后的使用；停用期间最好每月短时间使用1～2次，使沼气热水器内部活动机件保持运转灵活。

（三）沼气热水器的故障修理

沼气热水器的常见故障与排除方法：见表5-3。根据国家标准规定，沼气热水器的报废年限为6年。

表 5-3 沼气热水器的常见故障与排除方法

故障现象	产生原因	排除方法
打不着火或着火率低	刚打开气源开关，沼气尚未输送到热水器内	多打火几次
	喷嘴堵塞	卸下喷嘴，清理干净
	点火针破裂或松动	更换、紧固，并调整放电尖端位置
	电磁阀故障	先检查接线，未发现接线不良时更换电磁阀
	电池无电或装反，电池盒生锈接触不良；微动开关损坏，电脉冲器发生故障	逐个检查，更换，处理
	水位降低，水压偏低	提高水压
	长期停用，水阀粘垢，密封圈变形	停用期间也应每月使用 1～2 次
水不热	沼气气压不足	设法提高沼气气压
	水的流量过大，吸热时间短	适当调小流水量
	喷嘴堵塞，火焰变小	清洗喷嘴
	水阀橡胶膜有小的破裂，水-气联动阀故障	更换橡胶膜、水-气联动阀
未开水着火或关水不熄火	冷水阀漏水或关闭不严	关严冷水阀，漏水需维修或更换
	水-气联动阀内顶杆被卡死，或长期停用顶杆被粘着；密封胶圈变形；阀门弹簧变软	将顶杆拆下清洗加润滑油；更换密封胶圈或弹簧
	进水管未装滤网，沙石或水管锈渣卡死水阀顶轴	清洗干净水阀内部，加装滤网

续表 5-3

故障现象	产生原因	排除方法
漏　气	进气接头安装不良	重新安装平面胶圈，紧固进气接头，用喉管码夹紧
	气阀密封胶圈漏气	更换气阀密封胶圈
	气阀芯上的润滑脂干结	清洗阀芯，重新均匀地涂上润滑脂(二硫化钼)
漏　水	水阀芯胶圈长期使用后磨损严重	更换胶圈
	热交换器(水箱)未排水，结冰冻裂漏水	更换水箱，注意排水
	砂铸水阀易产生砂眼和气孔	更换水阀
	塑料热水软管因水温过高变形而漏水	更换为不锈钢金属软管
产生红火或冒黑烟	燃烧器内存有污物	将细铁丝头部弯曲，从引射口处插入燃烧器内，反复旋转数次后拉出，发现有小部分白色物体为止
	沼气压力不足，天气潮湿	增加发酵原料勤破壳搅拌和清渣，晴天恢复正常
	气管内生锈或有较多的污物，喷嘴堵塞	清洗气管和喷嘴，气管生锈时需更换
	环境灰尘大；热交换器(水箱)和燃烧器火孔部分受堵塞；排烟管堵塞	改变环境；将水箱和燃烧器取出，用较高水压的水进行冲洗；保持烟道畅通

续表 5-3

故障现象	产生原因	排除方法
旋钮转不动	水量调节旋钮转不动是水阀芯有水垢结存、生锈或水温调节齿轮配合不良	清洗水阀芯，修配或更换调节齿轮
	气量调节旋钮转不动是气阀芯密封油干枯，阀芯与阀体黏结	拆卸气阀芯，用干净砂布擦干净，换上新的密封油
异常响声	异常水声：进水压力较高；进水量调在较小位置，水进入水箱变成一束细小而且高压的水流，造成水箱振动而引发异常水声	调大热水器的进水量或减小火力
	燃烧噪声：沼气压力过低，沼气成分有变化或燃烧器喷嘴部分堵塞，造成回火现象而引发异常的燃烧噪声	清理燃烧器或喷嘴，或待沼气压力恢复正常后再使用

沼气器具的使用与维护，如厂家生产出来的产品设计有变更，应以说明书为准。

五、沼气系统的安检操作

在使用沼气的过程中，每个月检查管道接头 1～2 次，用肥皂液检漏，或用碱式醋酸铅试纸检漏：用清水把试纸浸湿，放在要检查的部位，如果漏气，试纸和沼气中的硫化氢发生化学反应，使试纸变成黑色。室外输气管使用 4～5 年后，由于老化就会变硬或者出现龟裂，甚至被老鼠咬坏。开关经常使用，零件也容易磨损。这些情况都会引发漏气，所以每年都要进行一次气密性试验，严禁在输气通道上试火检漏。调控净化器使用 1 年后，内部软管是否有开裂、破损现象，也需要开箱检查。

第七节　沼气池的安全操作索引

安全第一，警钟长鸣。沼气池的安全操作，索引如下，以便查阅和掌握。

一、沼气池施工的安全操作

池坑开挖时的安全操作：第三章第四节。
池坑开挖后的安全操作：第三章第四节。
砌筑的安全操作：第三章第六节。
浇筑的安全操作：第三章第七节。
进料管的安全栏杆：第三章第八节。
拆模的安全操作：第三章第九节。
池顶的安全设施：第四章第二节。

二、沼气池运行的安全操作

更换破壳搅拌器的安全操作：第五章第三节。
沼气池外表的安全操作：第五章第四节。
取沼肥的安全操作：第五章第五节。
进入沼气池的安全操作：第五章第五节。
沼气系统的安检操作：第五章第六节。

三、"三沼"使用的安全操作

沼气灶、沼气灯、沼气热水器的安全安装：第四章第六节。
沼气灶、沼气灯、沼气热水器的安全使用：第五章第六节。
使用沼气器具的安全规范：第五章第六节。
沼气烧锅炉的安全操作：第六章第一节。
沼气储粮的安全操作：第六章第一节。
沼液叶面施肥和防治病虫害的安全操作：第六章第二节。

第六章　沼气发酵产物的综合利用技术

广大科技人员和沼气用户，经过长期不懈的努力，摸索出来的“三沼”综合利用技术，是一套完善的具有中国特色的农业生态技术。范围涉及种植业、养殖业和其他行业等诸多方面。“三沼”综合利用项目简介，见表6-1。

表6-1　“三沼”综合利用项目简介表

三　沼	种植业	养殖业	其他行业
沼　气	塑料大棚增温、增施二氧化碳气肥	孵禽、幼禽、蚕房增温，点灯诱蛾，养鸡、养鸭、养鱼	炊用、照明、储粮柑橘保鲜、火补轮胎、沼气冰箱、沼气热水器、沼气喷灯、灭菌灯、金属焊接切割、医药化工原料、炒茶、烤烟、烘干、开汽车、发电、烧锅炉
沼　液	浸种、叶面施肥、防治病虫害、农作物基肥、追肥、保花保果剂、无土栽培母液、窖酒、生产食用菌、配方滴灌	养猪、养牛、养羊、养兔、养鸡、养鸭、养鱼、养黄鳝、养泥鳅	
沼　渣	种植粮、棉、油、菜、茶、瓜、蔗、薯、橘、梨、葡萄、桃、李、烟、花、牧草、育苗、育秧、生产食用菌	养猪、养鱼、养鳝鱼、养泥鳅、养蚯蚓、养土鳖	

第一节　沼气的综合利用技术

一、沼气燃气利用技术

(一)沼气孵禽

目前可采用沼气孵化的禽类有鸡、鸭、鹌鹑等,其孵化技术大同小异。现以沼气孵鸡为例。沼气孵鸡是利用沼气在燃烧过程中所放出的热量。1 米^3 沼气可孵鸡蛋 475 只,孵化率 90%以上,比电、油孵化率提高 5%～15%,且无停电之忧,每孵 100 只鸡蛋节电 12.5 千瓦/小时,或节省燃油 3 千克。沼气孵鸡具有操作简单、安全可靠、成本低、孵化率高等优点,极适合小规模(1 000 只以内)养鸡专业户。

1. 孵前准备

(1)孵房　新建孵房,应通风、向阳、保暖,宽窄适度,便于操作,干净卫生。现有住房可代替孵房。新老孵房用消毒液消毒,隔几天再用生石灰消毒,生石灰还能吸掉孵房的潮气。

(2)孵箱　孵箱可买可制,用木板或纤维板制作。容积尺寸长×宽×高为 0.6 米×0.6 米×1.1 米。单层箱体,工艺简单,外用旧棉絮等保温材料包裹。孵箱最好做成夹层,夹层中填以木屑等保温材料,保温效果好。箱门要求密封,开启灵活,保温措施与箱体相同。箱内做 6 层蛋盘,蛋盘四周以木板制成,底部钉上铁网,便于受热。箱体上、中、下部各穿一个小孔,插置 3 支温度计,能在箱外读取箱内温度度数。

(3)孵化炉灶　灶台平整光滑,坚固结实,安全可靠。灶台上配置直径 57 厘米铁锅一口,锅下配置沼气炉灶。孵化设备如图 6-1 所示。

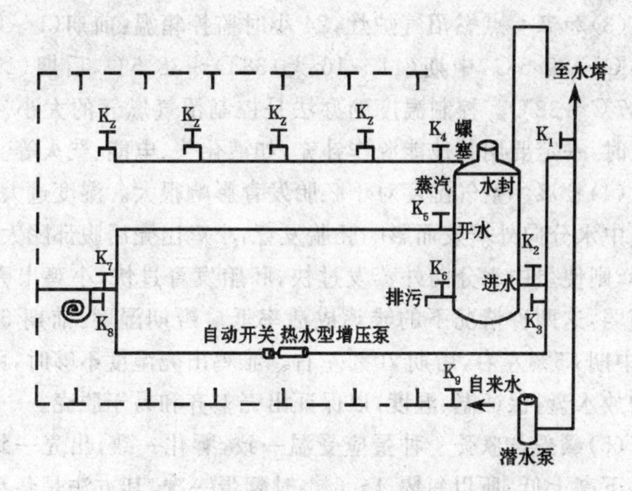

图 6-1　汽水两用锅炉管通连接示意图

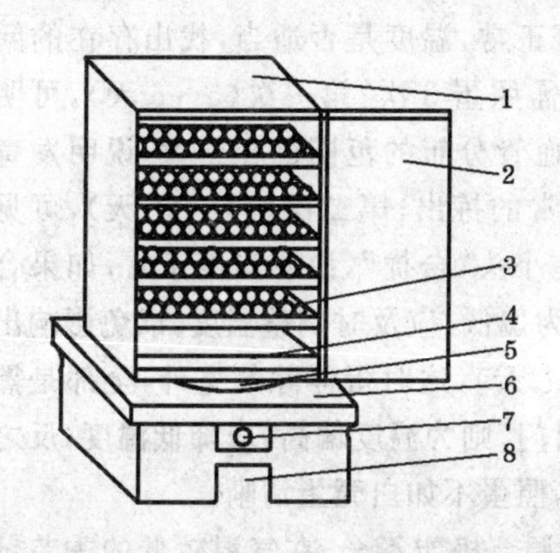

图 6-2　沼气孵化设备示意图

1. 孵化箱　2. 活动门　3. 种蛋　4. 孵化盘
5. 铁锅　6. 灶台　7. 沼气灶　8. 进风道

2. 孵期管理

(1)孵鸡季节　暮春、夏、秋适合孵鸡。初冬哪怕是气温较高，也不能孵鸡，因为雏鸡一出世就遇到极其恶劣的生长环境，成活率低。

(2)选蛋装盘　种蛋新鲜，壳面光润，大小均匀，形状椭圆，用30℃左右的温水洗净，置于35℃～40℃的0.1%高锰酸钾溶液中浸泡消毒10分钟。将消毒处理过的种蛋取出沥干，装盘，大头朝上，倾斜排放，在孵化室用20℃～25℃的温度预热半天，然后装入孵箱，每盘一层，底盘不装蛋。

(3)加温　点燃沼气炉灶,24 小时监控箱温:前期(1～10 天)38.5℃～39.5℃,中期(11～16 天)38℃～38.5℃,后期(17～21 天)37℃～38℃。控制温度的办法是控制沼气燃气的大小。沼气不足时,一定要用其他能源作补充,如液化气、电能、柴火等。

(4)控湿　空气湿度对于胚胎发育影响很大。湿度过大,会阻滞蛋中水分向外蒸发而影响胚胎发育,小鸡出壳后腹部膨大;湿度过小,则使蛋中水分向外蒸发过快,胚胎发育过快,小鸡出壳后身体瘦弱,这两种情况下的雏鸡成活率低。孵期湿度:前期 60%左右,中期 55%左右,后期 70%左右。雏鸡出壳湿度不够时,可在箱底增放水盘,保证温、湿度,以保证出壳整齐和易于脱壳。

(5)翻蛋与照蛋　种蛋应受温一致,孵化一致,出壳一致。箱温是下高上低,所以每隔 4～6 小时翻蛋一次,其方法是各盘上下调换,每盘前后调换。沼气孵鸡跟母鸡孵鸡一样也要照蛋,以掌握种蛋是否受精,胚胎发育是否正常,温度是否适当,找出存在的问题和改进的办法。孵期一般需照蛋 3 次,第一次(5～6 天),可明显看到眼点,叫"起眼",这时血管分布的范围已相当大,说明发育正常,反之为不正常,将不正常的拣出;第二次(10～11 天),可见到血管分布于整个蛋内,并在小头"合拢",说明温度正常,如果合拢较早,说明温度偏高,否则为偏低,应及时调整温度,以免影响出雏率和健雏率;第三次(第十七天),这时蛋体除气室外,全部是黑的,这叫"封门",如果提前"封门"则为温度偏高,应降低温度,反之则亦然。绿壳蛋因颜色较深,照蛋不如白壳蛋清晰。

3. 孵后育雏　雏鸡体温调节机能不全,在气温较低的季节饲养,都要补给一定的光照和温度,这对满足雏鸡发育,提高抗逆力和成活率,具有重要作用。沼气灯给雏鸡增温、增光,方法简单,投资小,成本低,效果好。专业户育雏:采用育雏室,用住房代替育雏室的,应罩塑料薄膜,将住房的空气高度降低,以人入室不弯腰为原则。雏鸡活动的育雏架上,铺好了塑料网片或铁丝网片或尼龙绳网，网片分格，每格育雏鸡数相等，防止雏鸡扎堆取暖，底下的雏鸡活活被压死。鸡粪从网目中漏下，鸡不与粪便接触，卫生防疫好。沼气灯距雏鸡高度0.75米左右。育雏室室温：1周龄为30℃～33℃，2周龄降到28℃～30℃，3周龄及以后控制在28℃。光照时间：1～2日龄可照23小时，3～4日龄22小时，4～7日龄20小时，以后逐步减少，至20周龄时，保持9个小时就够了。注意通风换气，以防室内废气过多，雏鸡中毒。散养户育雏：使用旧纸箱、木箱、竹筐等作育雏箱，每箱最多育雏鸡30只，其他事宜与专业户育雏相同。

（二）沼气灯诱虫养鸡、养鸭、养鱼

沼气灯光的波长在300～1 000纳米之间。乡村野外多种害虫对330～400纳米的紫外线有最大的趋性。利用沼气灯诱虫养鸡、养鸭、养鱼，既消灭了农作物害虫，提高了农作物产量和质量，养殖业又获得了好的经济效益，一举多得。

沼气灯的固定。诱虫的沼气灯，应远离畜禽舍，避免灯光招来大量的蚊子，叮咬畜禽。诱虫灯可固定在房前屋后的树枝上，或用3根竹棍做成一个简易三脚架，将沼气灯吊在三脚架下。三脚架下放置一只装水的大盆。诱虫养鱼的三脚架固定在池塘离岸2米的水面上。沼气灯距水面80～90厘米。

诱捕方法。上半夜气温较高，害虫喜温怕凉，诱捕时间自天黑至半夜12时为止。在盆内水面上滴少许食用油。触沼气灯玻璃罩或互相撞击掉入水中的害虫，被食用油粘住翅膀，再也飞不起来，多数活活被淹死。第二天用滤具将盆内的昆虫捞起来喂鸡、鸭。鱼在灯光下有夜食的习惯，各种鱼一起争食落水的蚊子、飞蛾等害虫。

二、沼气非燃利用技术

沼气不经过燃烧而直接利用的技术，具有代表性的，有沼气储粮和沼气储柑橘。沼气储藏的原理：在密闭条件下，利用沼气中甲烷和二氧化碳含量高、氧气含量极少、甲烷无毒的性质，来置换出储藏环境中的空气，造成缺氧状态，达到防治虫、鼠、霉、病、菌之目的；还能控制粮、果、菜的呼吸强度，减少基质消耗，弱化新陈代谢，控制储藏物产生乙烯，推迟后熟期，增强保鲜率。

(一)沼气储粮

1. 粮库储粮 粮库储粮，历来都是“低氧低药”。“低氧”是将仓库门、窗密闭，谷堆用塑料厚膜密封。“低药”是将杀虫药用小布袋包起来，埋入谷内，利用药的气味杀虫。“低氧低药”杀虫储粮成本高，药的刺激性气味特别大，要戴防毒面具和胶质手套，还有药袋因管理不善而落于谷内、污染谷物的弊端。

沼气储粮方法简单，操作方便，投资少，无污染，防治效果好。试验表明：沼气储粮，米象 96 小时不再复活，锯谷盗、拟谷盗、谷蠹 72 小时以后不再复活，沼气除虫率可达 99.8%，比对照仓，水分降低 13.5%，谷仓温度低 38.5%，出糙率增加 0.39%，发芽率提高 4.71%，酸度降低 3.29，每万千克谷物减少虫害损失、减少管理用工、节省药物费用合计 2 000 元以上。

(1)储粮设备 粮库沼气储粮示意图见图 6-3。清扫粮仓，空仓还是用常规的药品消毒处理。粮库谷堆高度均在 2 米以上，要分布两层沼气扩散管，底部扩散管为“十字形”，中上部扩散管为“井字形”。“井字形”类似于“低氧低药”储粮分布的药袋，使沼气能充满整个仓库。扩散管口径 6 毫米，每隔 30 厘米钻一个通气孔。通往扩散管的沼气管口径 10 毫米或者更粗。粮堆顶部仍需用熔化的沥青将塑料厚膜与仓壁密封在一起。在塑料厚膜的中间

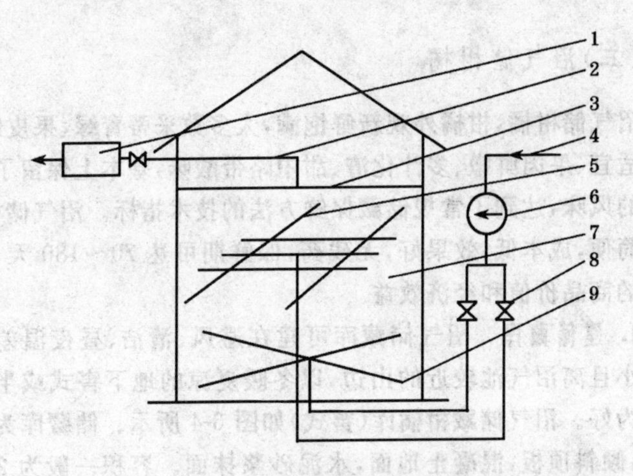

图 6-3　粮库沼气储粮示意图

1. 测氧仪　2. 排气管　3. 塑料厚膜　4. 输气管　5. 井字扩散管
6. 沼气流量计　7. 粮堆　8. 开关　9. 十字扩散管

部位钻一个小洞，将一根塑料软管粘接在洞口作为排气管并与氧气测定仪相连。

(2)输气方法　按每米^{3}粮食输入 1.5 米^{3}沼气计量，也可用氧气测定仪测出，当粮库中氧气含量降到 5%时，停止输入沼气，并关闭整个系统，以后每隔 15 天输一次沼气。

(3)沼气储粮的安全操作　经常检查整个系统是否漏气。粮库储粮以后的沼气直接排在库外，未经燃烧处理，库外沼气较浓。禁止在库内、库外周围吸烟、用火，防止火灾和爆炸事故的发生。

2. 农户储粮　而今的种粮户，由于粮种品质的提升，科技的进步，几乎亩产都在千斤左右或更高，用坛坛罐罐储粮的日子一去不复返了，农户储粮只是粮库储粮的一个缩影。两层扩散管缩为一层，置于仓库的中上部，正方形仓库为“十字形”，长方形仓库为“丰字形”，输气管接在“丰”字的中间。所不同的是，从排气管出来的沼气接入沼气炉焚烧，比较安全。

(二)沼气储柑橘

沼气储柑橘,柑橘外观新鲜饱满,大多数采带青绿、果皮红亮、硬度适宜、果肉鲜嫩、多汁化渣、甜中略带酸味,基本上保留了原有水果的风味,达到了常规储藏保鲜方法的技术指标。沼气储柑橘,方法简便,成本低,效果好,无残药,保鲜期可达 70~180 天,具有较高的商品价值和经济效益。

1. 建储藏库 沼气储藏库可建在避风、清洁、昼夜温差变化比较小且离沼气池较近的山边,以冬暖夏凉的地下窖式或半地下室式为好。沼气储藏柑橘库(窖式)如图 6-4 所示。储藏库为砖墙结构,倾斜顶板,混凝土地面,水泥砂浆抹面。容积一般为 25 米^3

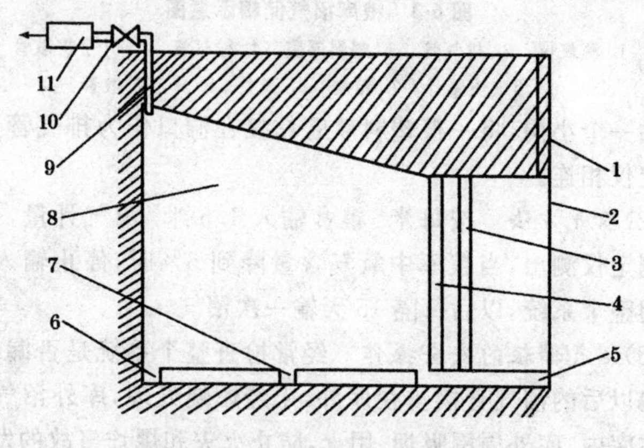

图 6-4 沼气储藏柑橘库(窖式)示意图

1. 挡土墙 2. 卷帘 3. 夹层门 4. 密封门 5. 通风口、排水沟 6. 四周排水沟 7. 十字排水沟 8. 库体 9. 排气管 10. 开关 11. 测氧仪

左右。夹层门和密封门较高、较宽,背柑橘篓可以直腰行走,不腰痛。木制门板,油灰勾缝,上油漆,门与门框间垫胶皮密封,门上观察孔的玻璃用油灰嵌缝密封,通过观察孔可看到储藏库内的温度计和湿度计。门槛底下一边是沼气输气管,另一边是通风口和排

水沟，装铁丝网防鼠、蛇及昆虫。在冬季，用塑料厚膜做卷帘，遮风挡雨雪，为储库保湿。库内两边设储架，中间设过道。储架离墙少许，防湿通气。储架分几层，层高高于装柑橘的篓高。沼气输气管与储藏库地面设置的“丰字形”扩散管相连，扩散管还是塑料管钻孔。排气管与测氧或测二氧化碳仪相连。储藏库内必须严格消毒，消毒之后需要通风两天才能放入柑橘。

2. 适时采果 选择晴天，露水干后，戴上手套，用果剪摘果，轻摘轻放。最好选择树冠外围和中上部无损伤、无病虫害、无畸形、大小均匀的柑橘装篓，置干燥、阴凉、通风处1～2天，释放“田间热”，使果皮蒸发少量水分而软化，略有弹性，然后入库。

3. 输入沼气 每天每立方米储藏容积输入0.06米^{3}脱硫的沼气，10天后，逐渐增加到0.14米^3。由于各地气温、湿度、储藏品种不一样，输入的沼气量也不一样，一般规律是，储藏前期沼气输入量可少一些，中、后期根据测氧或测二氧化碳仪的监测来输入沼气。

4. 温度和湿度 柑橘储藏的最佳温度是4℃～15℃，温度过高时，打开通风口，通风降温。柑橘储藏的最佳湿度是90%～98%。湿度不够时，用泥巴加高排水沟出口，向储库添加水分。

5. 换气与翻果 柑橘储藏的头2个月，每10天换气翻果一次，以后每半月一次，拣出伤、病、虫、烂柑橘。为防温差波动过大，换气、翻果，低温季节，宜在中午进行，以防冻害；气温较高时，宜在晚间或凌晨进行，以防热空气串入。每次翻果发现变质的柑橘较多时，应缩短翻果的间隔时间。翻果后马上堵塞通风口输入沼气。储藏期间，定期用2%的石灰水对储库和巷道进行消毒。

6. 沼气储柑橘的安全操作 翻果前3天停止输入沼气，并打开通风口通风。翻果必须打开夹层门和密封门，根据室外气温掀起卷帘的一部分或全部。翻果戴口罩和手套，用防爆电灯或电筒照明，严禁吸烟和使用明火。翻果过久有不适感觉之时，迅速离开储藏库，到库外呼吸新鲜空气。

7. 出库 打开通风口，通风3～5天，让柑橘逐步适应库外环境，以免出现“见风烂”。

从沼气储粮到沼气储柑橘，不是有硬壳、厚皮的农产品就能用沼气储藏，如宽皮红橘对二氧化碳就非常敏感；皮很薄、水分又多的水果和蔬菜，能不能用沼气储藏，更要通过试验。

第二节 沼液的综合利用技术

沼气微生物代谢产物，一是沼气，二是沼气发酵残留物，包括沼液和沼渣。沼气发酵残留物中含有3种成分：第一种是农作物的营养物质，可以被农作物直接吸收的氮、磷、钾等主要营养元素；第二种是一些金属离子的微量元素，沼液中含量最高的是钙，其次是磷，较少的有铁、铜、锌、锰、钼等，它们的浓度不高，但可以渗透到细胞内，刺激动物、植物的生长和发育；第三种是对动、植物生长有调控作用和对某些病虫害有杀灭作用的物质，这类物质有氨基酸、生长素、赤霉素、纤维素酶、单糖、腐殖酸、不饱和脂肪酸、B族维生素和某些抗菌类物质，其中某些成分统称为生物活性物质，它们参与农作物从种子发芽、植株长大、开花结果的全过程。

一、沼液在种植业中的综合利用技术

(一)沼液浸种

1. 浸种效果 浸种就是将农作物种子在水中或某些溶液中预先浸泡一段时间后再播种的一项种子处理技术。使用范围最广、历史最久的要数盐水浸种，盐水浸种取材方便，实用经济，杀虫、杀菌率也高，缺点是溶液浓度和浸种时间难以掌握，如果浓度过浓，浸种时间又过长，对种子的发芽是有极大的伤害的，甚至可

使种植全军覆没。药水浸种也很普遍，也存在同样性质的问题。

2. 沼液浸种的优越性 水压间的水温，比自来水、池塘水的水温高；pH 值在 6.8～7.5 之间；沼液的多种活性、抗性、营养性物质，都有利于种子的新陈代谢。利用沼液浸种，具有明显的抗病、壮苗、增产作用。试验表明，用沼液浸种对水稻根腐病、纹枯病、小球菌核病和恶苗病具有较强的抑制作用，发芽率比清水浸种提高 5%～10%，成秧率提高 20%左右，秧苗白根多，根系发达、粗壮，叶色深绿，移栽后返青快，分蘖早，生长旺盛，产量可提高5%～10%，是农民增产增收的主要措施之一；小麦的发芽率比清水浸种提高 3%左右，具有出苗早，生长快的特点，产量可提高 5%～7%；玉米与干播相比，大、小斑病明显减少，有发芽齐，出苗早，苗壮成长等优点，产量提高 5%～10%；红薯黑斑病发病率明显降低，产芽量提高 3%左右，壮苗率可达 99%；烟籽发芽早，出芽齐，抗病力强，生长旺盛；棉花炭疽病进一步得到遏制，增产明显，等等。沼液浸种，操作简便，安全高效，无须投资，在农村迅速得到推广，普及全国，有沼气池的用户，完全取代了盐水浸种和药水浸种。

3. 晒种 浸种前，将种子翻晒 1～2 天，让太阳光的紫外线驱潮、驱霉、驱菌；不饱满的种子和虫伤害过的种子，重量较轻，可用风车或簸箕清除，以保障种子纯度和质量。

4. 浸种 使用产气 2 个月以上正常沼气池的沼液浸种。将水压间浮渣、沉渣尽量清除干净。将翻晒过的种子装入透水性好的编织袋或布袋中，袋子留出 1/4 的空间，以防种子吸水膨胀后胀破袋子，用长绳子的一端扎袋，另一端固定在水压间边上或木棍上，木棍横在水压间上，使种子处于沼液中部。如果浸种的沼液需用清水稀释，从防爆阀取中层沼液，在容器中进行，容器置于室内保温。沼液浸泡过的种壳颜色有所改变，但不影响发芽。由于地域、墒情、温度的不同，浸种时间也不一样，各地可进行一些简单的对比试验后确定。表 6-2 为主要农作物沼液浸种一览表，供各地参考。

表 6-2　主要农作物沼液浸种一览表

农作物	一次性浸种时间(小时)	三浸三晾浸种时间(小时)			浸种方法
		浸	晾	浸种累计	
常规早稻	48				可以1次性浸种,也可以间歇性浸种,即先用沼液浸24小时,再换成清水浸24小时,也可将3/4沼液与1/4清水配成混合液用容器浸种48小时
常规中晚稻	36～48				间歇性浸种累计时间为36～48小时
杂交早稻		14	6	42	间歇性浸种,三浸三晾:即浸14小时,晾6小时;浸14小时,晾6小时;再浸14小时后将种袋取出,用清水冲洗晾干,然后催芽
杂交中稻		12	6	36	三浸三晾,每次时间段为,沼液浸种12小时,晾干6小时,总的浸种时间不少于36小时
杂交晚稻		8	6	24	三浸三晾,浸种8小时,晾干6小时,总的浸种时间不少于24小时
小　麦	12				沼液浸种适宜于土壤墒情较好时应用,播种前1天进行,浸12小时后洗净晾干,即可播种,天旱时(土壤墒情差)不要采用沼液浸种
玉　米	12～16				1次性浸种,清水洗净,晾干播种
花　生	4～6				方法同上
红　薯	2～4				将薯种放入清洁容器内,将沼液溢过薯种10厘米,浸后清水洗净,晾干催芽或播种

续表 6-2

农作物	一次性浸种时间(小时)	三浸三晾浸种时间(小时)			浸种方法
		浸	晾	浸种累计	
瓜类、豆类	2～4				浸后清洗,晾干催芽或播种
烟　籽	3				将浸泡后的种袋从水压间取出,放入清水中,轻搓 2～3 分钟,清水洗净,晾干播种
棉　籽	24～48				沼液浸种用于没有包衣的棉种,在种袋内放入块石,以防漂浮,浸后用草木灰拌和并反复轻搓成黄豆粒状即可播种

(二)沼液叶面施肥

沼液富含多种作物所需的营养元素和生物活性物质,极宜作根外施肥,即叶面施肥,其效果比化肥好。叶面喷施沼肥,可调节作物生长代谢,补充营养,促进生长平衡,增强光合作用能力,尤其是施用于果树,有利于花芽分化,保花保果,病虫害减少,果实增长快,光泽度好,成熟一致,商品果率提高等优点。表 6-3 为主要农作物沼液叶面施肥一览表。

表 6-3 主要农作物沼液叶面施肥一览表

农作物	喷施阶段	喷施时段	喷施比例（沼液：清水）及用量	喷施效果
水稻、小麦	从圆梗开始，至灌浆结束	10天1次	1∶1	增加实粒数，减少瘪粒，提高千粒重
柑　橘	从初花期开始，至采果前结束	7～10天1次	1∶1	保花保果，果实大小一致，光泽度好，成熟期一致，有利于花芽分化和增强树体抗寒能力
	采果后	再喷3～4次		
梨	从初花期开始，至落叶前为止	7～10天1次	1∶1	保花保果，果实大小一致，光泽度好，成熟一致
葡　萄	从展叶期开始，至落叶前结束	7～10天1次	1∶1	果实膨大一致，可增产10%左右，兼治病虫害
西　瓜	伸蔓期		1∶3 每667米^{2}用量10千克	增强抗病能力，兼治枯萎病，提高产量
	初果期		1∶2 每667米^{2}用量15千克	
	后期		1∶1 每667米^{2}用量20千克	
蘑　菇	从出菇后开始	1天1次	1∶(1～2) 每平方米500克	提高菇质，增产幅度60%～140%

续表 6-3

农作物	喷施阶段	喷施时段	喷施比例（沼液∶清水）及用量	喷施效果
茶 叶	从新芽萌发1～2个叶片时开始	7～10天1次	1∶1 每667米^{2}用量100千克	提高产量和质量
	采茶期	采摘1次喷1次		
烟 叶	从烟苗9～11片叶开始	7～10天1次	1∶1 每667米^{2}用量40千克，沼液中可加入防虫治病农药	叶片增厚增宽，增级增收
棉 花	可全期进行，现蕾前	10天1次	1∶2 每667米^{2}用量50千克	叶色厚绿，保花保铃，兼治红蜘蛛、棉蚜，需要时可加入防虫治病的农药，效果更佳
	现蕾后		1∶1 每667米^{2}用量50千克	

1. 喷施时间 作物生长的各个环节，花期、孕穗期、灌浆期、果实膨大期，都能进行沼液叶面施肥。春、秋、冬季，上午露水干后（10时）进行，晴天下午喷施效果最佳；夏季傍晚为好，中午高温及暴雨前不要喷施。

2. 喷施浓度 根据施用作物及季节、气温来确定，幼苗、嫩叶期和夏季高温期，多掺水；气温较低季节，又是老叶老苗，长势较差，少掺水或不掺水。

3. 喷施方法 从防爆阀取产气3个月以上正常沼气池的沼液，澄清，用纱布过滤。喷施以叶背面为主，以利农作物吸收。当农作物和果树虫害猖獗时，在沼液中加入微量农药，杀虫效果非常显著，杀虫、施肥一举两得。当农作物和果树急需大量营养时，可在沼液中加入0.05%～0.1%尿素喷施，也可加入0.2%～0.5磷、钾肥喷施，以促进发育和结实。

4. 沼液叶面施肥和防治病虫害的安全操作 喷雾器密封性能要好，以免漏液，掺有农药的沼液不得漏到身上，要顺风喷洒，当心中毒。喷雾器在使用前后均应洗净、晾干、备用。

（三）沼液防治病虫害

沼液的多种生物活性物质中，有机酸中的丁酸，植物激素中的赤霉素、吲哚乙酸、维生素B_{12}，氨、铵盐和某些抗生素，对作物的病菌有明显的抑制作用，对作物的虫害有着直接杀灭作用。沼液防治病虫害的作用机理：直接抑制或杀灭作用；保护植物免疫病虫害的侵害；促进作物生长、提高其抗逆、抗病虫害的能力。沼液防治病虫害，无污染、无残毒、无抗药性而被称为“生物农药”。实验表明，沼液对粮食、蔬菜、水果、经济作物等农作物病虫害的防治作用，有的单用沼液就已达到或超过药物的功效，有的加入药物后强化了防治效果。沼液防治病虫害的主要途径是沼液浸种、施作基肥、追肥和叶面施肥。表6-4为沼液防治农作物病虫害一览表。沼液防治病虫害的使用方法举例如下。

表 6-4　沼液防治主要农作物病虫害一览表

农作物	病　害	虫　害
水　稻	穗颈瘟、纹枯病、白叶枯病、叶斑病、小球菌核病	稻纵卷叶螟、灰飞虱、白背飞虱、螟虫、稻蓟马、稻叶蝉
小　麦	赤霉病、全蚀病、根腐病	蚜虫
大　麦	叶锈病、黄花叶病	
玉　米	大斑病、小斑病	螟虫
蚕　豆	枯萎病	
棉　花	枯萎病、炭疽病	棉铃虫、红蜘蛛、棉蚜虫
红　薯	软腐病、黑斑病	
烟　草	花叶病、黑胫病、赤星病、炭疽病、斑点病	烟青虫
西　瓜	枯萎病	
大　豆		蚜虫
豇　豆		蚜虫
柑　橘		红蜘蛛、黄蜘蛛、矢尖蚧、蚜虫
叶菜类		蚜虫、菜青虫
黄　瓜		蚜虫、红蜘蛛、白粉虱
菊　花		蚜虫

1. 水稻　每667米^{2}取沼液1 000千克，清水1 000千克，混合均匀，浇泼，可治水稻螟、蝉、虱等虫；穗颈瘟病、纹枯病、白叶枯病、叶斑病、小球菌核病的发生和危害大为减少。

2. 小麦　每667米^{2}取沼液50千克，加入乐果2.5克，露水干后喷洒，小麦蚜虫28小时失活，40～50小时死亡94.7%；赤霉病、全蚀病和根腐病得到较好遏制。

3. 玉米　每667米^{2}取沼液50千克，加入2.5%敌杀死乳油

10 毫升，搅匀，灌玉米心叶，可治玉米螟虫和大、小斑病。

4. 蔬菜 每 667 米^2 取沼液 30 千克，用双层纱布过滤，加入煤油 5 克，洗衣粉 10 克，喷雾，也可以在晴天温度较高时直接泼洒沼液，均可治蔬菜蚜虫，需要注意的是掺有煤油的沼液应下过 1～2 次大雨之后方可采摘，否则，食用时会有轻微的煤油气味。

5. 柑橘 晴天直接喷施纯沼液，柑橘红、黄蜘蛛 3～4 小时失活，5～6 小时死亡 98.5％；蚜虫 30 小时失活，40～50 小时死亡率 94％；其他青虫 3 小时死亡，杀灭率达 99％。

二、沼液在养殖业中的综合利用技术

（一）沼液喂猪

沼液中无寄生虫卵和有害的病原微生物，蛔虫、结节虫、鞭虫、球虫及虫卵均不再具有感染能力，致病力强的猪病原菌（沙门氏菌和大肠杆菌）都能有效地被沼液所杀灭；沼液具有防病、治病和杀虫的作用，如传染病、僵猪、猪丹毒和仔猪副伤害等疾病都能防治；沼液还含有猪生长的 17 种必需氨基酸和多种微量元素。这就是沼液为什么能够喂猪的原因。试验表明，用沼液喂猪，猪爱睡，皮肤红润光滑，毛色光泽好，生长速度快，肉质达到了国家标准，饲料转化率提高，每头育肥猪可节约饲料 80 千克左右，育肥期缩短1～2 个月，提高了养猪的经济效益。

用沼液喂猪，不要减少每日饲料量，而是将沼液作为一种饲料添加剂，促进猪生长，降低料肉比，达到增长快、增收显著的目的。

1. 沼液的取法 喂猪及其他畜禽用的沼液，必须是正常产气 3 个月以上的中层沼液，沼液的 pH 值以 6.8～7.2 最好。从防爆阀里取出的沼液经纱布过滤、搅拌或放置 1～2 小时（跑掉氨气）再用。沼液喂猪期间，死畜、死禽、消毒液不能进人沼气池。

2. 沼液的用量 称猪定沼液量：育肥猪从 20 千克开始，日喂沼液 2 千克，40 千克重时日喂 3 千克，60 千克重时日喂 4 千克。称饲料定沼液量：这里指的饲料为不完全营养饲料，如玉米、稻谷及其加工后的副产品等，饲料和沼液比，育肥猪从 20 千克开始，为 10∶0.5～1，饲喂 1 个月后为 5∶1，50 千克以上的猪为 3～4∶1。

沼液泡青饲料：将青饲料洗净切碎，用沼液浸泡 2 小时后直接饲喂。三种方法，沼液用量都是由少到多，随着猪的体重增加而增加，达到最高添加量时稳定下来，出栏前半个月停喂沼液，确保猪肉质量。

3. 注意事项　用沼液喂猪，有个适应过程，未吃过沼液的猪一开始未必挺喜欢，可采取先闻后喂的方法，或者饿一顿，饥不择食，喂拌有少量沼液的饲料，习惯后，由少到多加喂沼液，直到乐于食用。饲喂方法：先用少量清水拌和猪饲料，再加入沼液拌匀，或直接用沼液拌料，或在猪进食前后单独喂沼液。

用沼液喂猪，要注意猪的采食、排泄和健康状况，如果食量减少应减量；如果猪腹泻，说明沼液喂量偏大，可减量或停喂两天，待正常后继续进行；如果老是食欲不振或排泄异常或有其他反应，猪有病，待治好病后再逐步添加沼液饲喂。

20 千克以下的仔猪不要喂沼液，肠胃不适应；怀孕母猪不宜喂沼液，容易堕胎和影响小猪生长；空怀母猪喂沼液，可提前发情，产仔多；哺乳母猪喂沼液，可以发乳和提高乳的质量；种公猪喂沼液，增强性欲，提高配种率，种公猪过肥时，应减沼液量。

配合饲料营养齐全，喂配合饲料的猪，喂沼液的效果不明显。

（二）沼液喂鸡、鸭

1. 沼液喂鸡　小鸡体重达 0.3 千克以上时开始饲喂沼液，将沼液拌在鸡饲料中饲喂，或将混合后的沼液水供鸡饮用。沼液喂蛋鸡：沼液与清水的配比为 3∶7，产蛋率可提高 7%～12%，每枚鸡蛋的增重率为 17.9%，增产显著。沼液喂肉鸡：用配比为 3∶7

的沼液水拌料，饲喂 90 天后，比不添加沼液的鸡重 30%左右。

2. 沼液喂鸭 用配比为 3∶7 的沼液水拌料，1 个月可比用清水拌料的鸭子，每只多增重 255 克。

第三节 沼渣的综合利用技术

沼渣是发酵原料在沼气池内厌氧发酵产生的底层渣质。在厌氧发酵过程中，碳、氢、氧等元素逐步分解转化成甲烷和二氧化碳等气体，其余各种养分基本上都保留在发酵残留物中。其中一部分水溶性物质残留在沼液中，另一部分不溶解或难分解的有机、无机固形物残留在沼渣中。干沼渣的主要营养成分：有机质 30%～50%、腐殖酸 10%～20%、全氮 2%～8%、全磷（五氧化二磷）0.4%～1.2%、全钾（氧化钾）0.6%～2%。沼渣是一种缓、速兼备、明显改良土壤、持续增加土壤有机质、使农作物大幅增产的优质肥料。肥效高于堆肥、人畜粪便和其他农家肥。施纯化肥对土壤的有机质和含氮量都会降低，所以沼肥优于化肥，化肥必须与有机肥配合使用。沼肥能促进土壤微生物的活动，促进土壤中养分的转化和土壤团粒结构的形成，改善土壤的物理性质，大量施用沼肥，土壤疏松，色泽加深，保水保肥能力增强，土壤肥力显著提高。若每 667 米^2 地施用沼渣 1 000～1 500 千克，并配合其他措施，可使红薯增产 13%、水稻增产 9.1%、玉米增产 8.1%和棉花增产 7.9%。

一、沼渣育稻秧

沼渣旱育稻秧是江西省赣州市研试成功的一项新技术。该技术能提高秧苗素质，促进水稻生长发育，提高单位面积产量，减少秧田鼠害、鸟害，节省投资和降低劳动强度。

(一)苗床的制作

选好秧田,秧田应防涝、防旱,无楼房、树林、竹林遮挡,阳光充足,含沙量适中,土质疏松、肥沃。将苗床床土晒干、打碎、过筛,每667 米^2 秧田需床土 4 500 千克左右。每平方米苗床需用敌克松2～4 克,对水 2～4 千克,对床面和床土进行消毒。每平方米苗床施沼渣 2 千克并耕耙 2～3 次,使苗床 15 厘米内的表土和沼渣混合均匀。播种前 3～5 天,按长 10～11 米、宽 0.75 米分畦做苗床并加开腰沟和围沟,防止积水。

(二)稻种的播撒

每 667 米^2 粮田用种量,杂交稻 1.5 千克,常规稻 3 千克。用沼液浸种催芽(详见第六章第二节),种子破胸露白时即可播种。选择日平均气温在 8℃以上时播种。首先用细土将床面缝隙、空洞填实,用木板轻轻压平,用洒水壶或喷雾器均匀喷洒,使床土湿润,再按每平方米苗床 2 千克的沼渣均匀撒施床面。将稻种来回均匀播撒,逐次加密。均匀覆盖薄层细土,以种子不外露畦面为宜,并用木板轻轻压平床面,防止种子互相搭桥悬空。再用喷雾器均匀喷洒,使表土湿润。最后插竹片、盖地膜,四周用泥土压实,防止地膜被风刮掉。

(三)苗床的管理

稻种扎根立苗后,必须保持床土湿润。到二叶一心期,床土可稍干一些,促使扎根,秧苗不卷叶不必淋水。到三叶一心期,保持床土湿润,每平方米用 30～50 克过磷酸钙溶于水喷淋秧苗,以防僵秧。如果三叶后期的秧苗长势差,可用沼液对水喷洒。晴天气温较高时检查地膜内的温度,地膜内的温度比外界的温度要高很多,温度在 28℃以上时,宜揭床土两端的地膜,进行通风散热,傍晚覆盖还原，进行保温。一直要等到当地的雪、霜天气过后，气温较高，才能撤掉地膜和竹片。

二、沼肥种蔬菜

蔬菜种类繁多，这里以大蒜为例。用沼肥种大蒜，茎粗秆壮，叶片青绿，蒜薹肥嫩，蒜头硕大，每 667 米^2 蒜薹和蒜头产量，分别为 900 千克和 600 千克左右，比施用常规肥料分别增产 28%和 26%。

(一)基　肥

每 667 米^2 用沼渣 1 500～2 500 千克，撒施，施后立即翻耕，让其充分发酵腐熟。

(二)面　肥

播种时，在床面上开 10 厘米宽、3～5 厘米深的浅沟，沟距 15 厘米，将沼液浇于沟中，浇湿为宜，然后播种。

(三)播　种

应选无损伤虫蛀的大个大蒜做种；播前翻晒消毒；用 1∶2 的沼液水浸泡 12 小时；将大蒜底部(较平)插入土中，顶部(较尖)留在土外，不可以弄反，用插入式播种，发芽快，生根早，长势较好，不易倒伏。播完后覆盖 3～5 厘米厚的细土，细土中可掺入 20%～30%的沼渣。

(四)追　肥

大蒜长至近 10 厘米高时开始追肥，每 667 米^2 用沼液 1 500 千克，对水泼洒，每月可泼 2～3 次，第一次对水较多，以后逐渐减少，上市前 7 天，停止追肥。

第四节　北方“四位一体”生态模式

一、“四位一体”生态模式的特色

北方“四位一体”生态模式，是集能源、生态、环保及农业生产为一体的综合利用形式。“四位一体”模式解决了北方地区沼气池安全越冬问题，使之常年产气；提高猪舍温度，促进猪生长，缩短育肥时间，获得理想的养猪效益；为温室提供充足的沼肥——气肥、液肥和渣肥，生产出优质高产的反季节蔬菜、瓜、果、花卉及其他作物，提高了经济作物的质量和产量；使农业生态系统内的能量形成多级利用和物质的良性循环，达到了优质、高产、高效和低耗的目的。

“四位一体”生态模式由沼气池、畜禽舍（猪舍为多）、厕所和日光温室四部分组成，如图 6-5。

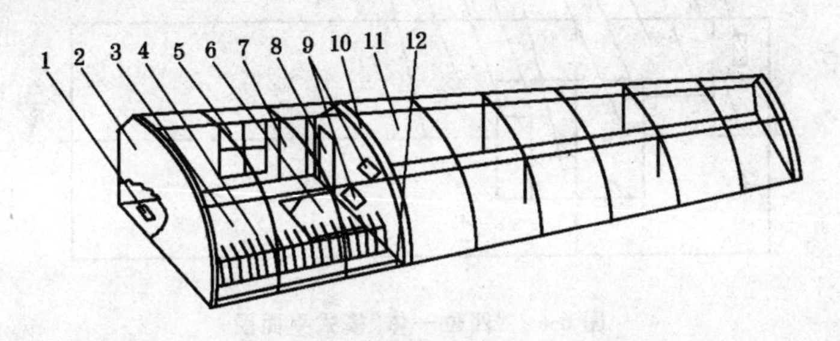

图 6-5　“四位一体”模式结构示意图

1. 厕所　2. 外山墙　3. 猪舍　4. 前护栏　5. 通风窗　6. 沼气池　7. 后墙门　8. 内山墙门　9. 上下通气孔　10. 内山墙　11. 日光温室　12. 溢水槽

二、“四位一体”生态模式的施工

“四位一体”生态模式可建在农户房前屋后或空地上，场地要宽敞、背风向阳、没有竹木或高大建筑物遮阳，模式与模式之间的距离亦不可太近，以免遮光，互相影响。方位坐北朝南，东西延长，如果受限，可偏东或偏西，但不超过15°。面积由场地的大小来确定，其中日光温室通常为100～180米²，可以摆在东西两侧的任意一端，另一端为25米²的猪舍和厕所，猪舍地面下建8～10米³全封闭沼气池。施工顺序是先建沼气池，然后建猪舍和厕所，最后建日光温室。

(一)沼气池的施工

沼气池既在猪舍地面下，又位于日光温室的中轴线上，距外部冻层较远，有利于池体保温，以利正常产气。进料口紧靠人行过道，进料和破壳搅拌都很方便。水压间和储肥池，设在日光温室内，便于清渣、抽肥和给作物施肥，如图6-6所示。导气管可安装在副池高墙上。

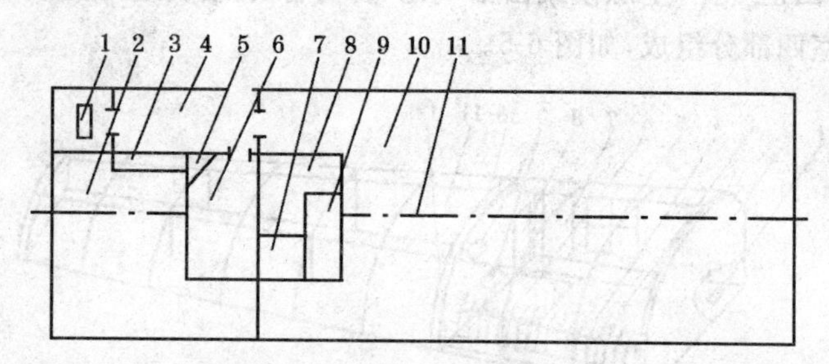

图6-6 “四位一体”模式平面图

1. 厕所 2. 猪舍 3. 食槽 4. 过道 5. 进料口 6. 主池
7. 副池 8. 水压间 9. 储肥池 10. 日光温室 11. 中轴线

(二)猪舍的施工

猪舍的施工，既要考虑猪舍冬季的保温、增温措施，又要考虑夏季的通风、降温,还要把采食、排便、活动和趴卧分开,达到一年四季都能适宜生长发育的良好环境。猪舍的高度、宽度和棚面形状,同日光温室,东西长度以养猪规模而定,一般不得窄于宽度。猪舍面积的计算依据是:一头妊娠、哺乳母猪 5.5 米^2,公猪 10.5 米^2,断乳仔猪 0.5 米^2,育肥肉猪 1.2 米^2。

1. 内山墙 内山墙为 12 墙,建在全封闭沼气池的隔墙之上,为了保护沼气池,先在池两边砌墩、做梁,内山墙砌在梁上,然后将梁与沼气池之间的空间砌满。内山墙中部留上、下两个 24 厘米×24 厘米的通气孔,上、下孔距地面分别为 1.6 米和 0.7 米,上孔为氧气交换孔,下孔为二氧化碳交换孔,这两个孔使猪舍的二氧化碳和日光温室的氧气进行交换。内山墙上通往日光温室的门,其规格与后墙门相同。

2. 后墙 后墙门高 1.7 米,宽 0.7 米。后墙的中央距地面 1.3 米处,留有高 40 厘米、宽 30 厘米的通风窗,夏季给猪舍通风,深秋时用草靶子泥封堵好。后墙与猪舍后护栏之间有 0.8~1 米宽的人行过道。过道墙上装有自来水龙头,供调食、冲洗猪舍和上厕所后洗手。过道有排水管通墙外,不积水。

3. 前、后护栏及间墙

(1)前护栏 用 ϕ12 毫米圆钢焊成,钢筋与钢筋之间的空间间隔为 7 厘米,钢筋较密是防止断奶后的小猪钻出去损坏塑料厚膜;钢筋顶端向上斜弯,离地面的垂直高度为 1.2 米,钢筋较长是防止大猪啃坏塑料厚膜。前护栏距棚脚 0.7 米,固定在内、外山墙上。

(2)后护栏 可用圆钢焊成或用砖砌,用砖砌时要砌成蜂窝式的多个通风孔,便于夏季通风降温。食槽伸过后护栏,在过道倒食比较方便。后护栏要将进料口围在过道一侧,有利猪的安全、清洁卫生、进料和破壳搅拌。

(3)间墙 后护栏及各小栏之间的间墙,直接建在混凝土地面上,高度均 1 米。后护栏及各间墙上的栅门,与间墙等高,宽 0.6

米，用ϕ12毫米圆钢焊成。哺乳仔猪栅门的下半部分用ϕ8毫米圆钢进行加密，防止乳猪逃逸。猪饮自来水的饮水嘴一般固定在内山墙或前、后护栏上。

4. 地面 导气管安装在主池高墙上时，在猪舍地面施工前要用砖砌筑好输气管暗槽，首先砌筑导气管周围的暗槽，导气管上端留两块活动砖，使砖的平面同水泥地面在同一个平面上，猪叼不出来。输气管暗槽宽12厘米，以20°的坡度通向猪舍外的厨房。导气管安装在副池（靠近主池）高墙上时，就没有这些麻烦，其效果也相差无几。猪舍地面用混凝土打底，水泥砂浆抹面，水泥地面高出自然地面20厘米，高出过道10厘米，防止外界的水和过道水龙头的水流入猪舍。猪舍地面有20°的坡度，坡向进料口，猪尿水及冲舍污水能够自动进入进料口，冲洗前先将粪铲掉，用少量的水就能冲洗干净，节约用水，保持浓度。前护栏至棚脚间的地面，应坡向溢水槽，当塑料厚膜破损时，雨水能够沿着破膜从溢水槽流出。猪饮水嘴底下的地面，应有一条小沟通向溢水槽，猪咬掉饮水嘴后，大量的自来水不会流入进料口。为什么猪舍地面宜用粗沙或中沙抹面、还不得使用钢抹子？如果使用细沙水泥浆和钢抹子，抹出来的地面光滑如镜，又有坡度，一旦弄湿，猪容易摔跤，容易扭伤，怀孕母猪容易流产。猪舍完工后要注意养护。

（三）厕所的施工

"四位一体"的厕所不是建在沼气池上，而是建在过道靠外山墙的一端，面积为1米^2。厕所配套水箱，冲洗快速、干净。蹲位配套存水湾，排污管的臭气被水隔绝，清洁卫生。排污管经过道与进料口相接，最好用暗管，坡度增大，排污顺畅。排污管仍用ϕ120毫米的PVC管，千万别用小口径管子，一旦堵塞，十分麻烦。厕所墙面粉白，地面镶嵌瓷砖，由于存水湾使蹲位提高，门边应设1～2步踏步，上厕所方便。

没有自来水的“四位一体”模式，要从水压间安装一根同规格的PVC管至厕所，做成冲洗器，抽取水压间的沼液来冲洗粪便。

（四）日光温室的施工

日光温室结构形式较多，根据拱架材料的不同，可分为钢架结构、竹木结构和钢竹结构等；根据棚面形状的不同，可分为半圆拱形和一斜一立两大类。比较而言，半圆拱形采光好，空间较大，操作方便和便于压紧塑料厚膜等优点。半圆拱形日光温室主要有以下3种类型。

1. 优型日光温室　如图6-7所示，跨度6米，棚顶高2.8米，后墙高1.8米，后坡长1.5～1.7米（仰角30°以上），后坡水平投影宽1.2～1.5米，前棚面为拱形。后墙与外山墙的墙体结构一般有两种：一是草泥垛墙，底宽1米，冬季墙外培土防寒；二是砖砌，内侧墙为12墙，外侧墙为24墙，中空12厘米，内填苯板、炉渣和珍珠岩等隔热物，建成保温复合墙体。

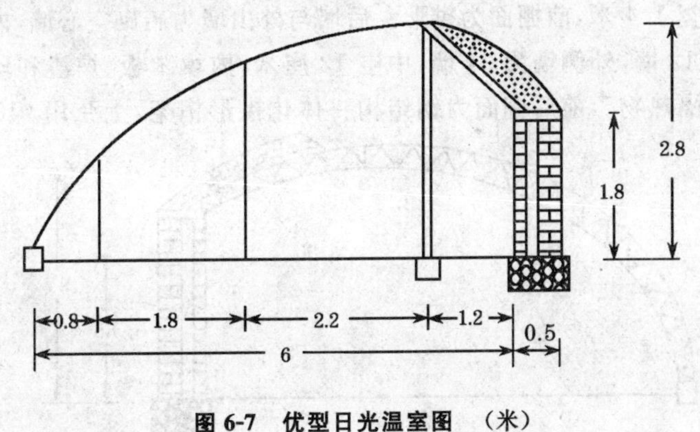

图6-7　优型日光温室图　（米）

2. 带女儿墙半圆拱形日光温室　如图6-8所示，跨度6～7米，棚顶高2.7～3米，后墙高1.6米，后坡水平投影宽1.2～1.5

米，前棚面为半圆拱形。墙体为底宽1米的草泥垛墙。由于后墙低、后坡仰角大，因此，增加了后墙和后坡的受光时间和蓄热量。又因后坡增加了女儿墙，能装填秸草等提高了保温效果。该温室采光好，成本低。

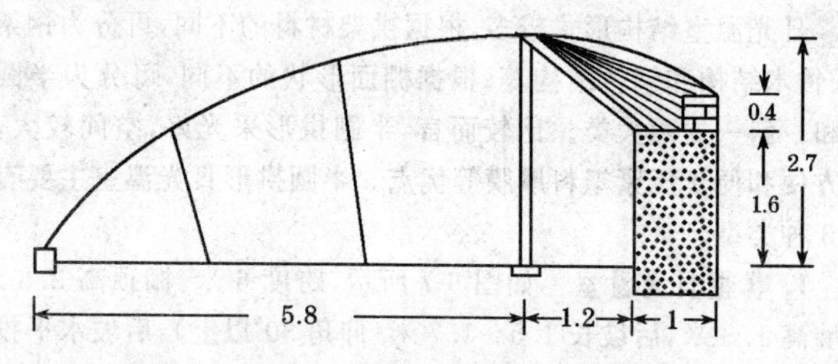

图6-8　带女儿墙半圆拱形日光温室图　（米）

3. 鞍Ⅱ型日光温室　如图6-9所示，跨度6米，棚顶高2.7～2.8米，后墙高1.8米，后坡长1.7～1.8米（仰角35°），后坡水平投影宽1.4米，前棚面为拱形。后墙与外山墙为砖砌空心墙，内侧墙为12墙，外侧墙为24墙，中空12厘米，内填苯板、炉渣和珍珠岩等隔热物。前后棚面为钢结构一体化拱形桁架，上弦用ϕ40毫

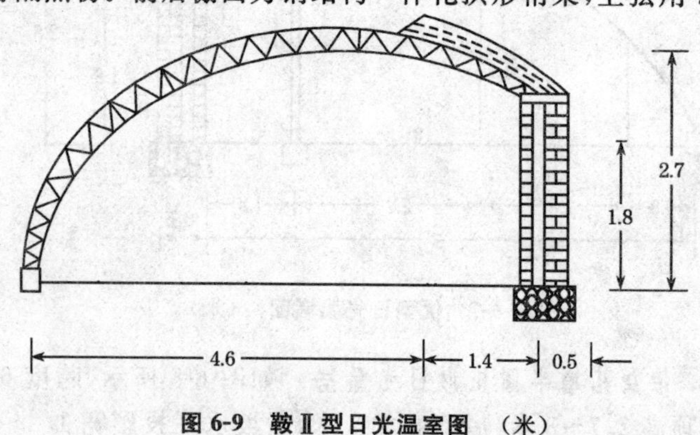

图6-9　鞍Ⅱ型日光温室图　（米）

米的钢管,下弦用 ϕ10 毫米的钢筋,腹杆为 ϕ8 毫米的钢筋,拱架间用纵拉杆(ϕ40 毫米的钢管)固定,拱架(纵向)间距 85 厘米,拱架下端固定在温室地面圈梁的混凝土座上,上端固定搭接在后墙的内上角。后坡采用轻型结构:第一层木板皮、第二层是两层草帘,中间夹一层旧塑料膜,第三层抹泥 2 厘米并再铺 60 厘米厚的成捆秸草。这种温室采光好,保温效果好,无立柱,造价高。

4. 日光温室的保温措施

(1)设置防寒沟　在日光温室的前沿挖深 40～60 厘米、宽 40 厘米的沟,沟底铺旧塑料薄膜,内填秸草和树叶等,再覆盖一层高出地面 5 厘米的土层,使日光温室不受冻层的影响。

(2)加盖保温帘　冬季日光温室的夜间需用保温帘加强保温,保温帘有草帘和纸被两种。

草帘多数用稻草、麦秸、蒲草或芦苇等编制,其长度一般比前棚面稍长,约 7 米,宽 1.5 米。草帘的保温效果与草帘的草质、厚薄及其疏密程度有关,一层草帘可保温 5℃～6℃。

纸被一般用 4～6 层牛皮纸(或水泥袋)缝制而成,长度与前棚面相同,宽 1.5 米,纸被保温效果可达 6℃～7℃,与草帘配合效果更佳。“四位一体”棚前较远处应设一道蜂窝式围墙或篱笆,不影响棚面冬天的采光和夏季的通风,防止畜禽或小孩损坏棚面。

第五节　南方“猪—沼—果”生态模式

一、“猪—沼—果”模式的特色

南方“猪—沼—果”生态模式是以农户为基本单位,利用房前屋后的山地、水面、庭院等场地,建设畜禽舍、沼气池、果园等,形成养殖—沼气—种植三位一体的庭院经济格局,形成生态良性循环。模式中的养殖,以养猪为主,因地制宜,从农户的客观条件出发,可以养牛、养羊、养鸡等畜禽。“猪—沼—果”模式的基本运作方式是:沼气用于农户日常做饭点灯,沼肥用于果树或其他农作物,沼液用于鱼塘淡水养殖和饲料添加剂喂养生猪,果园套种蔬菜和饲料作物等,构成“猪—沼—果”、“猪—沼—菜”、“猪—沼—鱼”、“猪—沼—稻”等多种模式。

二、“猪—沼—果”模式的施工

沼气池已有详细阐述。本节仅介绍猪舍的施工和果园的开发。

(一)猪舍的施工

1. 猪舍的布局 在便于日常管理的果园或其他经济作物生产基地内或旁边,选择阳光充足、空气清新、冬暖夏凉、水好量足且便于取用的地势高燥处建场。散养户一般按户建一口 8 $米^3$ 全封闭沼气池,常年存栏 4 头猪,种 2 668 $米^2$(4 亩)果的规模进行组合配套。模式的合理布局在于正确安排猪舍的朝向、间距和式样。

(1)朝向 猪舍的朝向,关系到猪舍的通风、采光和排污效果,要根据当地主导风向和太阳辐射情况确定,一般为坐北朝南,偏东12°左右。

(2)间距 猪舍之间的距离,应能满足光照、通风、卫生防疫和防火的要求为原则,一般南向的猪舍间距,可为猪舍屋檐高的 3 倍,其他类型的猪舍,应为檐高的 3～5 倍。

(3)式样

外式样分为覆盖式和平顶式。覆盖式上面覆盖窑瓦、水泥瓦、石棉瓦、竹瓦、油毛毡、塑料厚膜、稻草、茅草或秸秆等。平顶式为钢筋混凝土结构,为排水顺畅,平顶式最好有 2°左右的倾斜度。覆盖式在热天的散热降温效果优于平顶式,也比较经济。平顶式在冬天的防寒保暖方面又优于覆盖式,造价较高,使用寿命长。

内式样根据猪栏的列数来分,可分为单列式、双列式和三列式

3种。三列式的中间一列很难晒到太阳,而且舍内中间一定有条排污沟,就阳光和卫生来讲,三列式不如双列式,双列式又比单列式省一条过道,节约资金和地皮,所以双列式是最理想的。各列猪栏每间应为长方形,但狭长形不利于猪的运动,长方形猪舍长、宽比例以1.6～1.8∶1为好。正方形猪舍有哪些不好?在同样面积的情况下,正方形猪舍,猪的食宿地离排泄地较近,猪是喜欢运动的,一经运动,踢得满栏是猪粪,沾有猪粪的脚踩在食槽里吃食,踩脏睡觉的地方,吃不好睡不香,猪的长速可想而知。

2. 猪舍的施工 以砖瓦水泥结构的简易猪舍为例。简易猪舍的特点是省料、省工、省地皮。省料、省工主要是省了猪舍外墙的上半部分。省料、省工、省地皮就是省了运动场,运动场的优越性是让猪晒晒太阳,呼吸新鲜空气,自由运动或人工驱赶运动。缺点是:面积增大,投资增多,卫生难搞;猪在露天运动场,夏天易中暑,冬天易着凉;育肥猪过度运动,瘦肉是多了一点,但会延长出栏时间,经济效益难上去;怀孕母猪过度运动,容易引起流产,得不偿失;如果运动场不是一栏一场,而是多栏共场,当其中某栏或某头猪有病时,通过接触,疾病将有迅速蔓延各栏的危险。简易猪舍阳光充足,空气流通;冬天密封如大棚,特别冷时还可以用锅炉升温;夏天用吊扇,猪舍两边还可以种植皇竹草,增氧挡阳光,挂防晒网遮阴避暑,屋内地面洒水,屋顶顶面喷水,冬暖夏凉;各栏分养,疾病易控制。只要猪的养殖密度不超标,简易猪舍完全可以省掉运动场。

(1)墩的施工 建简易猪舍先砌墩,宜用三七墩,即墩的每皮砖由4块标砖和1块半砖砌成四边均一顺一顶砌法,每边长度为37[24(标砖长)+1(灰缝)+12(标砖宽)]厘米,中间砌半砖。磩高2.5米,墩过矮时,夏季无法装吊扇;墩过高时,空间过大,不利于冬季的升温和保温。简易猪舍有两墩、三墩和四墩3种。两墩适合散养户,只能用单列式。三墩适合专业户,三墩的横梁多由2根木头拼接而成,接口两边,要用两块厚钢板夹住,用4根粗螺丝及

螺帽拴住紧固，如图 6-10 所示。四墩如图 6-11 所示，散热效果更

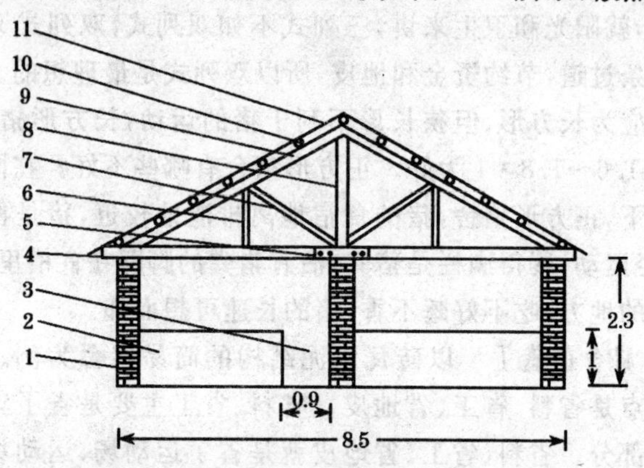

图 6-10　三墩简易猪舍横切面示意图　（米）

1. 三七墩　2. 内墙　3. 过道　4. 横梁　5. 横梁接口钢夹板
6. 直撑杆　7. 斜撑杆　8. 立柱　9. 人字梁　10. 檩　11. 石棉瓦

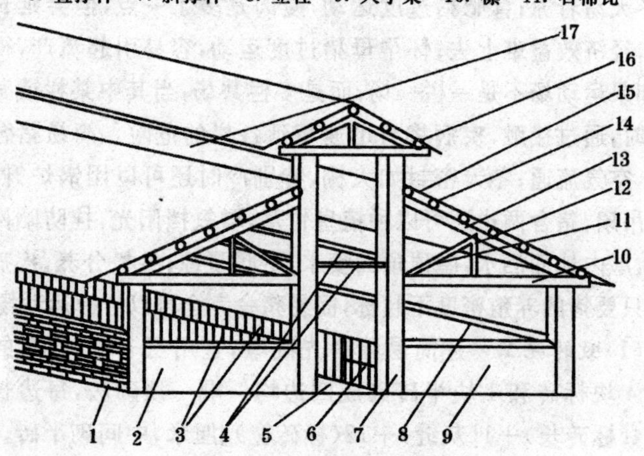

图 6-11　四墩简易猪舍示意图

1. 外墙　2. 内墙　3. 过道栏栅　4. 牵方　5. 过道　6. 栅门　7. 三七墩
8. 外墙　9. 内墙　10. 横梁　11. 斜撑杆　12. 直撑杆　13. 斜梁　14. 檩
15. 石棉瓦　16. 过道天窗顶棚　17. 天窗口

好，过道较宽，能过人力车，适合于猪场。四墩的猪舍，中间两墩较高，应用牵方牵制，牵方与横梁不在同一高度，如果在同一个地方插入墩内的东西过多时，将会削弱墩的强度。牵方的另一个作用是：热天只要拆掉钉在牵方上的水平无滴薄膜，猪舍就能通过天窗口散热，其他大面积的水平无滴薄膜不要动，一劳永逸，大大减少了冬天装膜、热天拆膜的循环劳动。

(2)外墙的施工　外墙为 12 墙，高 1.2 米。每间猪栏的外墙砌一个排污口。母猪栏的排污口高度仅一皮砖高，没有产床的用户，可防止刚出生的乳猪从排污口钻出。其他猪栏的排污口可以是两皮砖高。排污口的长度一般都超出锹的宽度。砌排污口时用 ϕ10 毫米钢筋砼板或在 2 根 ϕ10 毫米钢筋底下托板用浆与墙一道砌筑。排污口与屋外的排污沟相通，沟深 20 厘米以上，沟越深，舍内地面越干燥，沟宽以便于疏沟搞卫生为原则，排污沟有 20°～30°的坡度，污水、粪尿畅流。外墙砌 5 皮砖后，从第六皮砖开始，全面系统地留孔，留孔的目的是加强采光、通风和省料省工。孔宽 12 厘米，不能以砖的长度来留孔，孔太宽时大猪的嘴可以伸出去，冬季将会咬坏外墙垂直密封的无滴薄膜。孔高 2 皮砖，猪喜欢踩在孔内抬头向外观望，一皮砖容易踩断，两皮砖重叠则难踩断。外墙内侧须抹面。

内墙与地面的施工同“四位一体”模式。

(二)果园的开发

1. 园地选择　慎重选择坡地建园，对模式的发展具有极其重要的意义。我国南方地区橙类果树栽培面积广，赣州市有我国脐橙之乡之美誉，脐橙的栽培技术和建园标准也比其他果树要求高。根据脐橙生长对气候、土壤、地形地貌和水源等要求，选择温度、湿度、降水、光照等条件适宜，土层深厚、质地疏松、肥沃、保水保肥力强和排水良好的轻质沙壤土为好。平地、深丘、浅丘、山地、沙滩和水库、湖泊周围及河流两旁空隙地，都可以建园，但要避开“冷湖”和“风口”，以免造成冻害。山地的海拔高度控制在 400 米以下。坡地的坡度控制在 20°以下。坡向尽量选择坐北朝南，西、北、东三面环山、南面开口、冷空气能自行排出的地形。园地还应选择离水源近、取水灌溉方便的地方。在河滩地、平地建园，要求地下水位低于 1 米以上，加以改造之后还达不到这个要求，将会影响脐橙的生长。

2. 园地规划 包括道路系统和水利系统。

(1)道路系统 果园的道路系统是由主路、干路、支路组成的。主路要求位置适中，贯穿全园，少占耕地，布局合理，便于运送产品和肥料。大型果园的主路，是连接公路和果园的主要运输道路，须能通过大型汽车，路宽 5～6 米，力求精短，起码是一条标准的沙石公路，与水泥公路或柏油公路相连接而又有经济实力的，尽量建成水泥路或柏油路，减少运果车辆的颠簸，防止水果受损，为翌年的生意奠定基础。干路是果园内部、小区的连线，宽 2.5～3 米，能行驶小四轮汽车即可。支路是生产机具和工作人员的通行道路，宽 1～1.5 米即可。梯田果园，边埂可以作人行道，不必另开支路。小型果园，劳动强度不大，在果园里穿行，可以不设道路，尽量不浪费土地资源。

(2)水利系统 包括横沟、纵沟和梯台背沟，三种沟相互联系。丘陵山地的果园，在最上层梯台的上方和环山公路的内侧，都应各开一条排蓄水沟，以防止山洪冲刷园内梯台和公路，也可以用于蓄水防旱。最上层梯台上方的横沟，其大小应根据上方集雨面积而定，一般沟面宽 1 米，底宽 0.8 米，深 0.8 米左右。环山公路内侧沟可小一些。山腰的横沟可不必挖通，每隔 10 米左右留一堤挡，比沟面低 0.2 米左右，做到排蓄两便。纵沟是顺着果园上下的机耕道、人行道两侧开挖的，宽 0.4 米，深 0.2 米左右，在与两侧背沟相连处挖一深坑，以缓冲水流，也可蓄水。每条背沟深 0.2 米、宽

0.3 米左右，每隔 3～5 米挖一沉沙坑，起防止水土流失和蓄水的作用。在平地建园，重点是要在果园内和四周开挖畅通沟道，解决积水问题。在每个果园小区，还应设置蓄水池，也可以利用地形设置小水库、水塘，雨季蓄水，旱季灌溉。

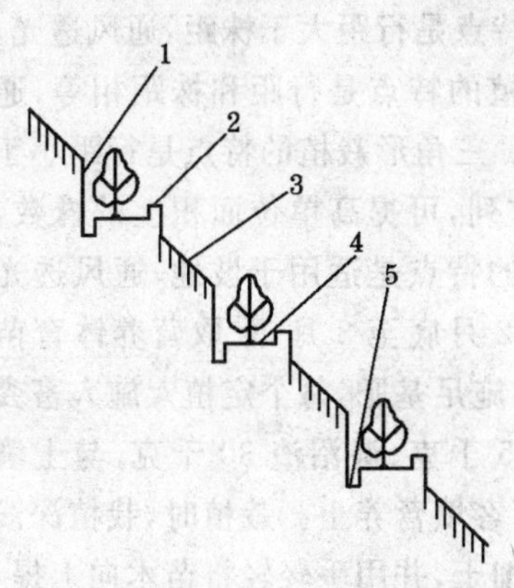

图 6-12　坡式梯地纵切面示意图

1. 梯壁　2. 边埂　3. 未开垦坡地　4. 梯面　5. 背沟

3. 果园整地　砍掉园地的柴草，注意防火安全。坡地果园的水平梯台，按等高线环形设置。梯台由梯壁、边埂、梯面和背沟组成，如图 6-12 所示。梯壁高度和梯面宽度，因坡度大小而异，可参考表 6-5。梯壁不必垂直，略微倾斜，不易崩塌。梯面外高内低，内斜 5°～7°，横向平整，比降 0.3%～0.5%。边埂高出梯面 0.1 米，宽 0.2 米。定植沟宜挖在梯面中心线偏外沿处，深各为 1 米。

表 6-5　梯面宽度和梯壁高度

山地坡度(度)	梯面宽度(米)	梯壁高度(米)
5～10	8	0.6～1.2
10～15	4～4.5	0.9～1.5
15～20	4	1.3～1.8
20～25	4	1.8～2.4
25～30	3	1.9～2.4

4. 苗木栽植　苗木栽植前，应在定植沟内混埋有机肥料作基肥，如绿肥、山草、沼渣等，待沟土下陷沉淀后，即可栽植。在丘陵

山地种植脐橙，果树的株距为梯面宽度的 2/3，不能梯面窄而株距宽，不然，土地、光能利用都不尽合理。在平地栽植，脐橙果树常用的栽植密度：株距 3.5～4 米，行距 3～5 米，每 667 米^2 株数控制在 33～63 株。脐橙常用的栽植方式有长方形、正方形、三角形和梯地等高栽植等。长方形栽植的特点是行距大于株距，通风透光，便于机械操作和管理。正方形栽植的特点是行距和株距相等，通风透光，管理方便，但不宜于密植。三角形栽植的特点是行距小于株距，各行互相错开而呈三角形排列，可提高单位面积上的株数，但不便于管理和操作。等高栽植的特点是适用于坡地，通风透光条件较好。在脐橙春芽萌动前的 2 月底至 3 月，采取营养钵育苗方式育苗。栽植前先挖好栽植穴，施足基肥，每个定植穴施人畜粪尿肥 10～20 千克、磷肥 0.15～0.5 千克、湿沼渣 30 千克，与土壤充分拌匀填入穴内，有条件的还可客填营养土。栽植时，栽植深浅适当，让苗木根系充分舒展，填满细土，并用手轻轻将苗木向上提，摇动数次，使细土填满根际空隙，再用脚踏实后覆盖一层松土至根茎处。栽植后浇足定根水，待水渗透完后，再盖一层松土。栽植 1～2 个月后，发现死株，找出原因，及时补栽；对已成活的苗木及时追肥浇沼液，气温较高土壤干燥时，沼液应对水，或对苗木适度灌水，做好苗木的病虫害防治工作和中耕除草等工作。

参考文献

[1] 李长春主编．农家沼气实用技术[M]．北京：金盾出版社，2004．

[2] 苑瑞华主编．沼气生态农业技术[M]．北京：中国农业出版社，2001．